인류의 전쟁이 뒤바꾼

의학 세계사

인류의 전쟁이 뒤바꾼
의학 세계사

황 건 지음

트로이전쟁부터 이라크전쟁까지
인류의 전쟁이 낳은 의학사의 명장면들!

살림Friends

추천사

나는 의학을 전공한 황건 교수가 예술과 관련된 책을 집필했다는 사실을 알게 되었다. 의사수필가협회 김애양 부회장이 황 교수의 수필집 『거인의 어깨에 올라서서』를 보내준 덕분이다. 의과대학 교수가 예술에 대한 폭넓은 식견을 갖고 있다는 점에 관심을 갖게 되었다. 그 이유는 다음과 같다. 법의학을 전공한 나는 평소 우리 사회가 검시 제도에 대한 이해가 너무 부족하다고 느낀다. '원시적인' 검시 제도가 실시되고 있는 것이다. 선진국에서는 법의관이 혼자서 검시하는 데 반해, 우리나라는 검사, 경찰관, 판사, 의사, 네 직종의 순서를 거쳐야 비로소 변사(變死)에 대한 부검이 이루어진다. 그래서 많은 시간이 필요하고 책임도 네 직종으로 분산되어 협력하지 않고서는 올바른 검시가 이루어지기 어렵다.

이러한 검시 제도 탓에 사건 발생 후 많은 시간이 지나서야 감정(鑑定)을 의뢰받는 경우가 허다하다. 증거물이나 시신의 부패 변질로 감정이 불가능하거나 정확성을 기할 수 없는 경우를 자주 경험했다. 그래서 무슨 좋은 방법이 없을까 고민하다가 생각해낸 것이 있다. 고인과 관련된 문건이나 유물, 특히 예술가의 경우 작품이 남아 있다면 그것을 분석해 법의학이 추구하는 인권 침해 여부나 사인 등을 가려낼 수 있지 않을까 다년간 고심하고 연구했다. 그 결과 실제로 사인을 모르던 화가나 문필가의 작품을 법의학적으로 분석해 죽음의 원인을 밝힌 적이 있다. 이 분야를 '법의탐적학(法醫探跡學, Medicolegal Pursuitgraphy)'이라 하는데, 의학과 예술의 관계가 중요하다는 점을 실감했다. 이를 계기로 예술을 이해하는 의학자가 새로운 분야를 개척할 수 있다는 사실을 알게 되었다. 그래서 이번에 황 교수가 『인류의 전쟁이 뒤바꾼 의학 세계사』라는 새 책을 내고 추천의 글을 의뢰했을 때 나는 기쁜 마음으로 받아들였다.

고대의 트로이전쟁부터 현대의 이라크전쟁까지 모든 전쟁에는 인명 살상도 있었지만 질병도 많이 유행했는데, 역설적이게도 이를 구원하기 위한 의료진의 노력으로 의술이 꽃을 피웠다. 이 책은 회화나 삽화, 사진 자료 등을 보여주면서, 전쟁이라는 악행 속에서도 전쟁이 없었더라면 얻을 수 없었을 새로운 의료법의 개척이라는 좋은 결과들을 소개한다.

의학과 예술을 접목하는 일은 그리 쉬운 작업이 아니다. 하지만 각각의 출발점으로 되돌아가 생각의 맥을 더듬어보면, 의학은 재해나 병마를 피하고 그 피해를 해소하기 위한 동기에서 시작되었고, 예술은 풍부한 인간성을 창출해 문화생활을 영유할 수 있는 계기를 마련하려는 욕망에서 시작되었다. 즉, 의학과 예술은 모두 건강과 건전한 정신에서 우러나오는 풍부한 인간성, 그리고 사회의 문화 창달을 목표로 한다는 데 공통점이 있다. 이 책을 읽을 때도 의학과 예술의 뿌리를 이해하고 둘을 결부시켰다는 점에서 고개를 끄덕거리게 되었다.

특히 나의 눈길을 끈 대목은 한국전쟁 중에 많은 희생자를 낸 '유행성출혈열'을 기술한 부분이다. 이 질병을 극복하고자 미군 군의관과 의료진이 다년간 원인을 파악하려 노력했지만 결국 실패했다. 하지만 고려대 의대의 이호왕 교수가 경기도 동두천의 한탄강 유역에서 잡은 등줄쥐에서 병의 원인인 바이러스를 세계 최초로 발견하고 '한탄바이러스'라고 이름 붙였다. 그리고 치료를 위해 한탄바이러스 백신도 개발했다. 나는 이 부분을 읽으면서 지난 옛일을 회상하게 되었다.

이호왕 교수와 나는 오랜 시간 고려대 의대에서 교수직을 함께했다. 그것도 벽 하나를 두고 교수실이 바로 옆에 있었기 때문에, 유행성출혈열의 원인 규명부터 백신 개발까지 이 교수의 피눈물 나는 노력을 생생하게 보고 들었다. 등줄쥐를 잡은 장소에 기념비를 세울 때도 자리에 함께했는데, 그냥 돌아갈 수 없어 나름대로 느낀 기쁨을 표현하고자 시 한 편을 써서 헌정했다. 그 시를 여기서 소개해보고 싶다.

기념비 세우는 날

우리 붉은 옷으로 갈아입자 숱한 실패의 쓰라림 그리고
정열을 용광로처럼 불태운 지난날을 회상하기 위해
우리 흰옷으로 갈아입자 지구 도처에서 까닭 모를 출혈과
열을 남기고 유명을 달리한 이들의 넋을 달래기 위해
우리 검은 옷으로 갈아입고 송내동으로 가자
유행성출혈열은 정녕 정복되었음을 알리기 위해

-1993. 10. 23. 한탄 송내동 기념비 개막식 날-

옛 선현들은 의료를 '인술(仁術, medical art)'이라고 불렀다. 의학적 지식만이 아니라 인간적이며 예술적인 사고를 동시에 발휘해야 질병 치료가 원만하게 이루어지기 때문이다. 의학은 사람 몸속의 신비를 탐구해 새로운 가치를 창출하는 학문이고, 예술은 인간 내면의 아름다움을 찬양하는 행위인데, 이 두 개념을 합쳐 사람 몸으로 옮기는 작업이 의료이기 때문에 인술이라 표현했던 것이다. 의학과 예술의 실천인 의료는 과학이 아니라 예술이며, 임상 의사는 과학자가 아니라 예술가가 되어야 한다는 의미이다.

요샛말로 표현하자면, 의학(medical science)은 사람의 생명을 다루는 과학이자 학문이고, 의료(medical care)는 의학을 토대로 한 지식을

실천하는 시술 행위이다. 의료의 실천자는 의사고 그 대상은 환자다. 그런데 의사의 능력은 여러 이유로 차이를 보일 수 있다. 의료의 실천에서 더 문제가 되는 것은 환자의 상태다. 사람은 기계와 달리 개체의 차이가 있고, 특히 질병에 걸렸을 때는 그 정도가 더욱 심화되어 전혀 예측할 수 없는 예외적인 일이 발생한다. 그렇기 때문에 인간 개체에 표출되는 증상에 대해 의학적인 해석과 더불어 인간적이고 예술적인 해석을 같이하면 수월하게 대응할 수 있다. 선현들은 바로 이 점을 강조한 것이다.

이번에 황 교수가 펴낸 『인류의 전쟁이 뒤바꾼 의학 세계사』는 의학 전공자뿐만 아니라 일반인에게도 전쟁으로 야기된 무서운 질병도 피눈물 나는 노력과 협력으로 극복할 수 있다는 역사적 사실을 알려준다. '어떤 일에 사명을 느껴 이해득실에 관계없이 협력하면 반드시 성공한다'는 만고의 진리를 보여주었다는 것을 믿어 의심치 않는다.

아무쪼록 그간 집필을 위한 황 교수의 노고가 독자들의 많은 애독으로 보답되기를 간절히 바라며 여러분의 일독을 권한다.

고려대학교 명예교수

대한민국학술원 회원

대한법의학회 명예회장

문국진

추천사

원시시대부터 오늘날까지 전쟁이 없던 시대는 없었다. 살과 살이 부대끼고 뼈와 뼈가 부딪치는 근육전으로 시작된 전투 행위는 기술의 발달에 따라 살육전, 대량 섬멸전, 정밀 타격전, 테러 등의 양상을 보여왔다. 전쟁은 심각한 인간 살상을 동반한다. 전투로 인한 직접 살상은 물론이고, 기후, 거친 전장, 전염병 등 전투 공간에 영향을 미치는 다양한 요인으로 질병과 죽음을 초래하기도 한다.

의학박사인 황건 교수가 쓴 『인류의 전쟁이 뒤바꾼 의학 세계사』는 3,000여 년간의 의료의 역사를 관통하며 전쟁터에서 부상과 죽음에 직면한 병사를 치료하기 위해 절치부심하고 집념어린 노력을 기울인 의료인들의 이야기를 주제별로 엮은 책이다. 『국방일보』에 연재된 「전쟁, 의술을 꽃피우다」를 흥미롭게 읽고 스크랩했었는데, 한 권의 책으로 엮여 나온다는 소식에 반가움을 금치 못했다.

한 편의 글과 한 권의 책은 다르다. 저자는 『국방일보』에 2017년 1월부터 9개월간 37회 연재한 병영 칼럼을 작가적 수완을 발휘해 대폭 손질하고 새로운 내용을 추가해 누구나 쉽고 재미있게 읽을 수 있는 책으로 만들었다.

놀라운 점은, 저자가 공군 군의관(예비역 중위)으로 임관과 동시에 예편하여 공중보건의사로 복무했고, 장인은 군의학교장을 지낸 예비역 장군이며, 아들은 영국에서 의대를 졸업하고 육군 25사단 의무병을 제대한 '군의학 집안'이라는 사실이다. 이러한 집안 분위기는 저자가 군사와 의학을 깊이 성찰하며 책의 세밀한 부분까지 신경 써서 저술하는 데 큰 원동력이 되었을 것이다. 책이 쉽게 읽히면서도 수준 높은 이유가 여기에 있다.

전쟁에서 인간은 살상의 대상이기도 하지만 보호하고 치료해야 할 대상이기도 하다. 이 책은 전투력 보존이 절실한 전쟁터에서 부상자를 어떻게 살려내고, 그 경험을 토대로 인류의 의술이 어떻게 발전했는지, 그래서 인류가 질병과 죽음으로부터 해방된 삶에 얼마나 기여했는지 어느 책보다 잘 설명하고 있다. 뿐만 아니라 인체 실험이나 고엽제 살포 등 전장에서 발생하는 윤리적 문제까지도 폭넓게 아우르고 있다. 전쟁과 인간, 의술에 관심 있는 모든 분에게 일독을 권한다.

(전)국군간호사관학교장

예비역 육군준장

박명화

✚ 참혹한 전쟁이 인류에게 희망을 선사하다

바티칸박물관에는 「지옥도」라는 그림이 있다. 르네상스 시대의 화가 보티첼리가 단테의 『신곡』 중 「지옥편」에 등장하는 지옥을 묘사한 그림이다. 지옥은 점점 깊어지는 아홉 층의 구덩이로 표현되어 있다. 지옥문 입구에는 '여기 들어오는 너희는 온갖 희망을 버릴지어다'라고 쓰여 있다.

지옥은 상상의 산물일 뿐 실제로 가본 사람은 없지만, 고대부터 현대까지 지구상에서 벌어진 전쟁은 지옥과 다를 바 없었다. 실제로 전쟁은 인간에게 피할 수 없는 지옥의 고통과 절망을 안겨주었다. 그런데 '희망을 버려야 할' 지옥문 같은 전쟁 때문에 도리어 의학이 발전하면서 인류에게 희망을 선사했다. 이 얼마나 놀랍고도 흥미로운 역사의 아이러니인가.

단테를 지옥으로 안내한 베르길리우스처럼 나는 여러분을 고대의 트로이전쟁부터 중세와 근대를 거쳐 아비규환 같은 현대의 전쟁터로 안내할 것이다. 베르길리우스는 사흘 동안 단테를 지옥의 1층인 림보(변옥)로부터 가장 깊은 9층까지 인도했다. 그리고 단테는 죄를 잊게 하는 레테강과 선행의 기억을 새롭게 하는 에우노에강에 몸을 적신 뒤 베아트리체의 눈에 비친 희망의 태양 빛을 바라보았다. 이 책의 마지막 장을 덮을 때 여러분도 생명의 소중함과 인술의 숭고함을 느낀다면 나의 기쁨은 더할 나위 없이 클 것 같다. 단테가 마침내 베아트리체를 만났을 때처럼 말이다.

2017년 1월부터 아홉 달 동안 목요일마다 『국방일보』에 「전쟁, 의술을 꽃피우다」라는 칼럼을 총 37회 연재했다. 칼럼이 호응을 얻어 이번에는 원고를 청소년 눈높이에 맞춰 재편집해 『인류의 전쟁이 뒤바꾼 의학 세계사』라는 책으로 출간하게 되었다. 이 지면을 빌려 신문 연재를 시작할 때부터 마칠 때까지 조언을 아끼지 않으신 의사수필가협회 부회장 김애양 박사님께 감사의 말씀을 드린다. 매회 칼럼에 예쁜 삽화를 그려준 김성욱 화백과 연재에 도움을 준 국방일보 박지숙 기자, 연재물을 대폭 편집해 한 권의 책으로 만들어준 살림출판사 직원들, 특히 박일귀 팀장께 고마움을 표한다.

2019년 5월

황 건

차례

제2부 근대 전쟁 : 의료 개혁이 일어나다

제3부 제1·2차 세계대전 : 의술이 한층 정교해지다

제4부 한국전쟁 : 민족의 비극 속에서 의학이 발달하다

제5부 베트남전쟁과 그 이후 : 화학무기·병균과의 전쟁을 치르다

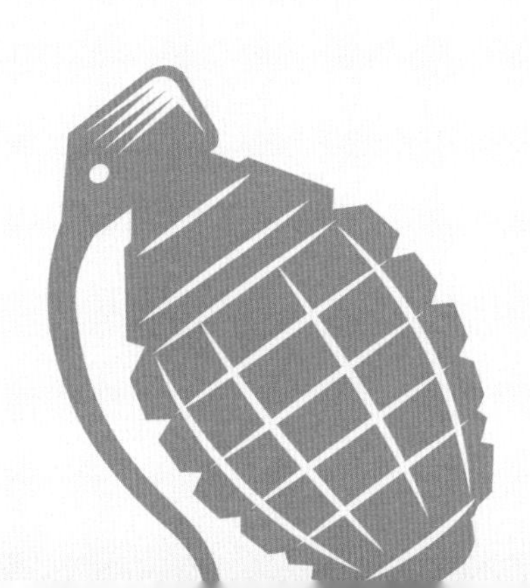

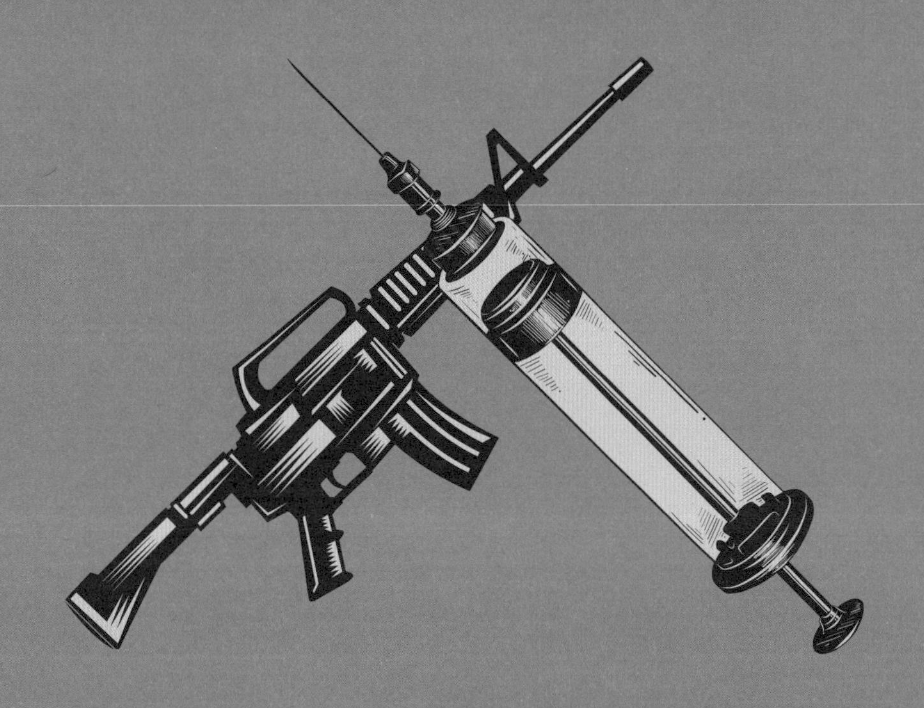

제1부

고대·중세 전쟁
: 의학과 의술에 눈뜨다

1 트로이전쟁과 아킬레우스힘줄

✚ 치명적 약점, 아킬레우스힘줄

얼마 전 국립국어원은 외래어인 '아킬레우스건' '아킬레우스힘줄' 대신 원래 의미를 잘 살리면서 우리말의 단어 구성에 맞는 단어로 '치명적 약점'을 선정했다. 누리꾼이 제안한 '절대 급소' '결정적 빈틈' '취약점' '최대 약점' '치명적 약점' 등 다섯 후보를 투표한 결과 '치명적 약점'이 34%로 다수의 지지를 얻어 '아킬레우스건'을 대신할 우리말로 결정되었다. 후보로 나온 다른 말들도 의미 전달은 가능하지만 '치명적 약점'이 '아킬레우스힘줄'의 본래 의미에 부합하고 표현이 자연스럽다고 본 것이다.

'아킬레우스힘줄(Achilleus tendon)'은 우리 몸의 한 부분이다. 종아리 근육인 장딴지근과 가자미근을 발꿈치뼈에 연결해주는 힘줄이다. 대한해부학회와 대한의사협회에서는 이 용어를 '발꿈치힘줄'로 부르기로 결정했다. 그래서 의사국가시험, 간호사국가시험, 응급구조사국가시험 등에는 아킬레우스건이 '발꿈치힘줄'로 나온다.

이 힘줄의 이름을 처음 지은 사람은 네덜란드의 해부학자이자 외과 의사인 베르헤엔(Philip Verheyen, 1648~1710)이다. 그가 저술한 『사람 몸 해부』에서 이 힘줄을 'chorda Achillis'라고 처음 기술했다. 베르헤엔이 호메로스의 『일리아스』에 등장하는 '아킬레우스'의 이야기를 읽고 이름을 붙였다는 사실을 어렵지 않게 짐작할 수 있다.

불화의 여신 에리스는 바다의 여신 테티스와 미르미돈족의 왕 펠레우스의 결혼식에 초대받지 못했다. 이에 화가 난 에리스는 불화를 일으키려고 가장 아름다운 여신이 '황금 사과'를 가지라고 했다. 그러자 헤라와 아테나, 아프로디테는 서로 황금 사과가 자기 것이라며 다투었다. 결국 신탁을 받은 트로이 왕자 파리스가 사과의 주인을 아프로디테로 결정했다. 그 대가로 아프로디테는 세상에서 가장 예쁜 여자를 주겠다는 약속대로 파리스에게 스파르타의 왕비 헬레네의 사랑을 얻게 해주었다. 그는 외교사절로 스파르타를 방문했다가 왕비 헬레네를 납치했다. 아내를 빼앗긴 스파르타의 왕 메넬라오스는 형 아가멤논과 연합군을 조직해 트로이를 공격했다. 그 유명한

● 「파리스의 심판」
파리스는 헤라, 아테나, 아프로디테 세 여신 가운데 세상에서 가장 예쁜 여자를 주겠다고 약속한 아프로디테에게 황금 사과를 건네주었다. 서양 미인 대회의 시초라 할 수 있다. 위 그림은 루벤스가 그린 작품이다.

트로이전쟁이 시작된 것이다.

✚ 아킬레우스힘줄이 '아킬레우스'힘줄이 된 사연

연합군의 영웅 아킬레우스는 바로 그 펠레우스 왕과 여신 테티스 사이에서 태어났다. 어머니 테티스는 제우스에게 이 아이를 불사신으로 만들어달라고 간청했다. 제우스는 테티스에게 아이 몸을 스틱스강에 담그면 칼과 창도 뚫지 못할 정도로 몸이 강철이 될 거라고 알려주었다. 테티스는 아킬레우스의 발뒤꿈치를 잡고 강 속에 아이의 몸을 담갔다. 그 덕에 아킬레우스는 강철로도 뚫지 못하는 몸을 가지게 되었지만, 어머니가 손으로 잡고 있던 발뒤꿈치는 강물이 닿지 않아 그 부분은 불사의 몸이 되지 못했다. 트로이전쟁에서 연승을 거두던 아킬레우스는 결국 트로이의 왕자 파리스가 쏜 독화살을 발뒤꿈치에 맞고 전사하고 말았다.

호메로스의 서사시 『일리아스』를 읽어보면 기원전 13세기 당시

● 「스틱스강에 아킬레우스를 담그는 테티스」
테티스는 아들 아킬레우스를 불사신으로 만들기 위해 스틱스강에 담갔다. 하지만 발뒤꿈치는 손으로 잡고 있어서 강물이 닿지 않아 불사의 몸이 되지 못했다. 위 그림은 루벤스가 그린 작품이다.

의 전쟁은 인간의 의지가 아닌 신의 뜻으로 일어났다는 사실을 알 수 있다. 여신들의 시기심이 발단이 되어 트로이전쟁이 일어났고, 그리스 연합군과 트로이군이 싸울 때도 전쟁을 관장하는 신들의 그때그때 기분에 따라 형세가 바뀌었다. 아킬레우스가 잘 싸운 것도 여신의 뒷배가 든든해서였다. 『일리아스』를 읽은 사람들은 트로이전쟁이 역사적 사실이라고 믿어왔지만 19세기 말까지는 역사적 근거가 없었다. 하지만 독일의 슐리만(Heinrich Schliemann, 1822~1890)이 1870년부터 1873년까지 트로이 유적을 발굴해 역사적인 근거를 얻게 되었다.

아킬레우스에게 발꿈치가 치명적인 약점이듯이, 실제로 발꿈치힘줄이 손상을 입으면 걷거나 달리는 데 지장이 많다. 힘줄이 완전히 끊어지면 심한 통증을 느끼는 건 물론이고 자기 힘으로 서 있을 수조차 없다. 아킬레우스힘줄은 우리 몸의 치명적 약점인 것은 분명해 보인다. 발꿈치힘줄을 끊어 포로나 죄수의 도주를 방지한 사례도 역사 속에서 종종 발견된다.

얼마 전 국가 대표 체조 선수가 아킬레우스힘줄 파열로 올림픽에 출전하지 못해 안타까움을 자아낸 적이 있다. 프로 농구 선수들도 이 부상으로 제 기량을 발휘하지 못하고 은퇴한다는 소식도 가끔씩 들려온다. 아킬레우스힘줄은 발뒤꿈치에 실리는 체중을 최종적으로 지탱하는 근육 중 하나이고 걷거나 뛸 때 하중이 실리는 근육이다. 그래서 오래 달리거나 점프를 자주 하거나 헛디디는 경우에 다칠 수 있다. 파열될 때는 뒤에서 발꿈치를 걷어차인 것 같은 느낌이 들고, '뚝' 하는 소리가 들린다. 보통은 파열된 부분을 수술로 봉합하지만 수술이 어려운 고령 환자는 석고로 고정하기도 한다. 학생들도 격렬한 운동 후에 계단을 오르내리거나 보행하는 데 지장이 있는 경우에는 가까운 정형외과 의사를 만나보길 바란다.

2 뼈를 깎는 아픔을 견뎌낸 관우

✣ 관우, 마취 없이 수술을 받다

총기가 발명되기 전에는 전쟁에서 칼과 창, 활 등이 주로 사용되었다. 그중 먼 거리에서 적을 쓰러뜨릴 수 있는 병기는 활이었다. 가슴과 배는 갑옷과 방패로 보호되었지만, 노출되는 팔다리는 화살을 맞는 경우가 많았다. 출혈이 심하지 않으면 당장 목숨은 보전할 수 있었다. 그러나 화살촉을 제거하더라도 뼈나 연부 조직의 염증으로 고생하거나 병균이 온몸에 퍼지는 패혈증으로 사망하는 예도 적지 않았던 것 같다.

중국 원나라와 명나라 교체기에 나관중(羅貫中, 1330?~1400)이 쓴 소설 『삼국지연의』에는 명의 화타(華佗, 141?~208?)가 독화살을 맞은 관우(關羽, ?~219)를 치료한 이야기가 실려 있다. 관우는 마취도 하지 않은 상태에서 태연히 마량과 바둑을 두면서 수술을 받았다고 한다. 그러나 정사(正史)인 진수(陳壽, 233~297)의 『삼국지 촉서』 「관우전」은 소설과는 내용이 조금 다르다.

> 일찍이 관우는 날아온 화살에 맞아 왼쪽 팔이 관통당한 적이 있었다. 후에 상처가 낫긴 했지만, 흐리거나 비가 내리는 궂은 날만 되면 통증이 몹시 심했다. 의원이 이르기를, "화살촉에 독이 있어 그 독이 뼛속으로 파고들었소이다. 팔을 절개하고 뼈를 깎아내어 독을 제거한 뒤라야 통증이 없어질 수 있겠소이다"라고 했다. 의원에게 자신의 팔을 내민 관우는 그것을 가르라고 했다. 그때 마침 관우는 여러 장수를 불러놓고 주연을 벌이고 있던 터였다. 팔에서 흘러내린 피가 쟁반에 가득했다. 그러나 관우는 고기를 뜯고 술잔을 당겨 마시며 태연자약하게 담소했다.

정사에서는 관우를 치료한 의원이 누구인지 언급하지 않았다. 하지만 그 의원이 화타가 아닌 것만은 분명하다. 화타는 이 사건이 일어난 건안 24년보다 11년 전에 세상을 떠났기 때문이다. 관우를 치료한 의원은 동시대의 인물 중 명성이 있는 외과 의사였을 테지만

● 마취 없이 수술을 받는 관우
소설에서는 화타가 관우의 팔을 마취하지 않은 상태에서 수술했다고 전하지만 정확한 팩트는 아니다.

정사에서는 이름을 찾아볼 수 없다.

통증의 강도는 객관화하기 어렵고 받아들이는 사람에 따라 다르나, 흔히 활용되는 '시각 통증 등급'이라는 것이 있다. 이 등급은 전혀 아프지 않은 0단계부터 죽을 만큼 아픈 10단계까지 환자에게 선택하게 하는 방식으로 산정된다. 문헌에 따르면 초산의 고통이 8단계, 신체 일부가 잘려나갈 때의 고통이 9단계이고, 몸이 타는 고통이 최고로 심하다고 알려져 있다. 화타가 마취 없이 손상된 뼈를 깎았다고 하니 관우는 9단계 정도의 통증을 태연히 견뎌냈다고 할 수 있다.

예전에 화살에 맞은 팔의 염증에는 고름 제거술 및 죽은 조직 제거술을 시행했다. 이에 반해, 팔다리에 총상을 입어 총알이 주요 혈관을 관통하는 경우에는 피가 멈추지 않아 사망할 위험이 있다. 그래서 총상 부위보다 윗부분에 지혈대를 감아 지혈하고, 곧바로 출혈하는 혈관을 찾아 묶는다. 그리고 팔다리에 총상을 입은 경우, 총알 맞은 곳보다 말단 부위를 절단하는 수술이 시행되었다.

✣ 넬슨 제독, 팔과 눈을 잃고도 군대를 지휘하다

동양에 관우가 있다면, 서양에는 넬슨이 있다. 트라팔가르해전을 승리로 이끈 영국의 제독 넬슨(Horatio Nelson, 1758~1805)은 1797년 7월 스페인의 테네리페를 점령하려고 상륙 보트에서 해변으로 내리다가 스페인군이 쏜 총탄에 오른팔 위쪽을 맞았다. 넬슨의 팔에 심한 출혈이 생기자 수행하던 그의 의붓아들 니스벳 중위는 목에 둘렀던 손수건을 잘라 지혈한 뒤 아버지를 모선 테세우스 호로 후송했다. 해군 군의관 에셀비는 약 반 시간 만에 팔 둘레 절개법으로 넬슨의 팔을 3분의 1 정도 절단했다. 오른팔을 잃고 감염으로 고생하기는 했지만 넬슨 제독은 일 년 뒤 다시 함대를 지휘해 나일전투에서 프랑스군을 물리쳤다.

2016년 3개월 동안 런던에 머무는 동안 그리니치에 있는 국립해

● 「해군 소장 넬슨 경」
가이 헤드가 그린 이 그림에서 넬슨은 오른팔을 잃고 오른쪽 눈은 붕대로 동여매고 거기서 흐르는 피가 어깨로 흘러내리는 가련하고도 인간적인 모습으로 묘사되었다.

양박물관을 관람한 적이 있다. 박물관 2층의 '넬슨, 해군, 국가 전시실'에는 넬슨 제독이 해군에 입대할 때부터 트라팔가르해전에서 전사할 때까지 그와 관련한 온갖 자료들이 전시되어 있었다. 심지어 전사할 당시 입었던 피 묻은 제복과 사망 후 잘라낸 머리털까지 있었다. 여러 자료 가운데 눈길을 끈 것은 영국 화가 가이 헤드(Guy Head, 1762~1800)가 그린 「해군 소장 넬슨 경」이라는 작품이었다. 1794년 코르시카섬 점령 때 오른쪽 눈을 잃고, 1797년 빈센트곶해

● 칼 달린 포크
일명 '넬슨 포크'라고도 불리는 이 포크는 왼손만으로 식사하기 위해 특별히 고안되었다. 사진은 제1차 세계대전 당시 사용된 '넬슨 포크'다.

전에서 오른팔을 잃은 모습을 그린 그림이다. 해군 정장을 입고 칼을 든 채 근엄한 표정을 짓고 있는 여느 그림들과는 사뭇 느낌이 다르다. 오른팔은 없고 오른쪽 눈도 붕대로 동여맸는데, 거기다가 붕대를 적신 피가 어깨로 흘러내리고 있어 너무도 가련하고 인간적이다.

넬슨 제독은 오른쪽 팔꿈치 위쪽까지 잃고 불구가 된 팔을 '지느러미'라 불렀다고 한다. 그림 바로 밑에는 넬슨이 오른팔을 잃은 직후부터 사망할 때까지 사용하던 '칼 달린 포크'가 전시되어 있었다. 손잡이는 상아로, 갈퀴는 쇠로 만든 포크였는데, 네 개의 갈퀴 중 맨 오른쪽에는 갈퀴 대신 포크의 곡선처럼 구부러지고 접을 수 있는 칼을 붙여놓았다. 왼손만으로 식사하기 위해 특별히 고안된 식기였다.

현대의 전쟁에서는 병사가 방탄복을 입지만 팔다리는 폭발 손상에 노출되기 쉽다. 일반적으로 응급 환자에게는 A. B. C. D.(Airway 기도 확보, Breathing 호흡, Circulation 혈액순환, Drug 약물)의 순서가 원칙이다. 그런데 전투 중에 부상이 발생한 경우에는 기도 확보보다 전상자를 안전한 지역으로 옮기는 것이 우선이다. 적의 사격에 노출되지 않는 곳에서 A. B. C. D.의 순서에 따라야 한다.

일상생활에서 발생하는 응급 상황에 대처하기 위해 현장에서 환자 이송에 도움을 주는 적절한 처치, 즉 응급처치 교육을 받으면 유사시에 도움이 된다. 이는 사회에 봉사하는 하나의 방법이기도 하다. 대한인명교육협회, 대한적십자사 등에서는 정기적으로 응급처치 교육을 실시하고 있으니 관심 있는 사람은 참여하면 좋을 것 같다.

팔에 화살을 맞고 합병증이 생겨 수술을 받았던 관우는 충의와 무용의 상징으로 중국의 민간에서 각별히 숭배받고 있다. 팔을 잃고도 꿋꿋하게 군대를 지휘한 넬슨의 동상은 런던의 트라팔가르 광장에 우뚝 서 있다. 무엇보다 신체의 고통과 장애를 이기고 한계를 극복한 영웅은 많은 사람의 존경을 받게 마련이다.

3 펠로폰네소스전쟁과 아테네 역병

✚ 아테네, 질병의 온상이 되다

영국박물관의 그리스실에 가면 중·고등학교 교과서에서도 볼 수 있는 낯익은 흉상이 눈에 띈다. 받침대에는 '시민이며 군인인 페리클레스, 기원전 429년에 잠들다'라고 쓰여 있다. 곱슬곱슬한 머리칼과 구레나룻, 턱수염을 가진 남자가 투구를 뒤로 젖혀 머리에 썼다. 페리클레스의 '잘생긴 얼굴과 착한 마음(kalos kai agathos)'을 잘 보여준다.

페리클레스가 유명한 이유 중 하나는 연설에 나오는 '민주정치' 때문이다. 펠로폰네소스전쟁(B.C. 431~B.C. 404)이 시작되고 몇 달 뒤 전사자들의 장례식 때 그는 "소수의 독점을 배격하고 다수의 참여를 수호하는 정치체제, 그 이름을 민주정치라고 부른다. 이 정체(政體)에서는 모든 시민이 평등한 권리를 갖는다"라고 말해 세계 역사상 민주주의의 시초가 되었다.

● 페리클레스 흉상
영국박물관의 그리스실에 있는 페리클레스 흉상이다. 페리클레스는 역사상 민주정치의 효시로 기억되고 있다.

펠로폰네소스전쟁의 발단은 케르키라와 코린토스의 분쟁이었다. 그리스의 양대 강국인 아테네와 스파르타가 이 싸움에 말려들면서 큰 전쟁으로 번졌다. 아테네 민회는 주전파(主戰派)와 주화파(主和派)로 갈렸다. 페리클레스는 스파르타를 선제공격하자는 주전파의 말을 듣지 않으면서도, 스파르타의 체면을 살려주기 위해 최소한의 양보를 하자는 주화파의 주장도 거부했다.

페리클레스는 되도록 전쟁은 피해야 하지만 만약 전쟁을 한다면 아테네가 이길 수 있다고 믿었다. 육군이 강한 스파르타와 지상에서는 대결하지 않고 성벽을 의지해 철통같은 방어에만 힘쓰면서, 아테네의 강한 해군으로 스파르타와 그 동맹국들을 봉쇄해 공략하면 결국 이길 수 있으리라 생각했다. 이러한 전략 때문에 인구가 많은 아테네에 주변 지역의 주민들이 몰려들었다. 하지만 방호가 잘된 중심

지역으로 사람들이 밀려들어 오는 바람에 아테네는 질병의 온상이 되고 말았다.

기원전 430년 초여름에 시작된 역병은 3년 동안 유행하다가 기원전 427년이 되어서야 사라졌다. 아테네 성벽 안에 살던 주민 약 3분의 1이 사망했고, 페리클레스도 기원전 429년에 병사했다. 전쟁의 판도마저 바꿔버린 역병을 경험하자 아테네 시민들은 질병을 물리칠 수 있는 신을 찾아 나섰다. 기원전 420년 아테네에는 치유의 신 아스클레피오스를 믿는 새로운 종교가 생겨났다. 아스클레피오스가 들고 있는 뱀이 감긴 지팡이 '케리케이온'은 지금까지도 의업(醫業)의 상징으로 전해져온다.

● 아스클레피오스
아테네 역병이 유행할 때 아테네인들이 믿었던 치유의 신이다. 이 전신상은 아테네 국립고고학박물관에 소장되어 있다. 오른쪽 세계보건기구(WHO)의 로고에도 아스클레피오스의 지팡이가 있다.

✚ 아테네 역병의 원인이 생화학 테러라고?

아테네 출신 장군이며 『펠로폰네소스전쟁사』를 저술한 역사가 투키디데스(Thucydides, B.C. 465~B.C. 400)는 자신도 역병을 앓다가 회복되었기 때문에 병의 증상을 자세히 기록으로 남길 수 있었다. 새나 짐승이 병에 걸려 죽은 사람의 시체를 먹고 죽는 것을 목격했다. 그래서 이 질병이 초자연적인 것이 아니라고 생각하고는 직접 두 눈으로 관찰해 증거를 모으려 노력했다. 그는 다음과 같이 기록했다.

> 병에 걸린 사람은 머리가 심하게 아프고 눈이 충혈되고 입과 목구멍에서 피가 났다. 기침, 콧물, 가슴 통증이 뒤따랐고, 위경련, 심한 구토, 설사, 갈증도 생겼다. 피부에는 붉은 반점이 생겼고 정신을 잃기도 했다. 병에 걸린 지 7~8일에 주로 사망했고, 조금 더 버틴 사람들도 설사가 멈추지 않아 결국 목숨을 잃었다.

투키디데스의 기술을 근거로 그동안 역사가들은 이 질병의 정체를 알아내려고 노력해왔다. 전통적으로 이 역병은 14~17세기에 창궐한 흑사병의 초기 유행으로 여겨졌다. 그러나 알려진 증상과 역학을 재검토한 결과 발진티푸스, 홍역, 천연두가 유력하다고 한다. 유골에서 장티푸스 DNA가 발견되었다고도 하는데, 장티푸스는 당시 그리스의 풍토병이었으므로, 유행병으로 번졌을 가능성은 낮다. 최

● 「아테네 역병」
아테네에 역병이 돌았다. 투키디데스의 기술을 근거로 여러 추측이 나오고 있는데, 최근에는 스파르타에 의한 '생화학 테러'라는 주장도 제기되고 있다. 위 그림은 미카엘 스베르츠의 작품이다.

근에는 투키디데스의 저술을 인용해 이 유행병이 스파르타인에 의한 상수원 오염과 관련 있다는 논문도 나왔다. 상대국에 대한 일명 '생화학 테러'라는 주장인 것이다.

역사상 가장 피해 규모가 큰 생화학 테러는 음식 오염이었다. 샐러드처럼 조리하지 않은 음식일수록 더 위협적이다. 1984년 미국 오레곤주의 데일즈시에서 이른바 '라즈니쉬 생화학 테러'로 750여 명이 장티푸스균을 먹고 심각한 피해를 보는 사건이 발생했다. 오쇼 라즈니쉬 추종 단체가 미국에서 최초로 생화학 테러를 저지른 것으로 보고 있다.

같은 방법으로 제1차 세계대전이 발발하기 몇 개월 전에 미국 워싱턴 D.C.에서 딜거 박사가 탄저균과 비저균을 가축에 살포하는 생물학적 파괴 행위를 저지른 적이 있다.

국제적으로 생화학 무기의 사용은 인도적 차원에서 금지하고 있지만, 몇몇 국가는 이미 지구상에서 사라진 천연두의 균종을 보관하고 있다고 한다.

특히 많은 사람이 모여 있는 학교에서 교사들은 재난 구조에 관심을 가져야 한다. 전염병을 막으려면 학생들은 학교나 가정에서 각자 개인위생을 청결히 유지해야 한다. 학교 기숙사나 식당에는 비교적 깨끗한 식수가 공급되고 있다. 하지만 야외 활동을 하거나 여행 중일 때는 오염되지 않은 물을 마시는 것이 중요하다. 유사시에 생화학 테러 가운데 가장 조심해야 할 것이 다름 아닌 수인성 전염병이라는 사실을 기억하자.

4 오이디푸스와 테베 역병

✤ 희곡 「오이디푸스 왕」에 역병이 등장하다

고대 그리스의 3대 비극 시인 중 한 명인 소포클레스(Sophocles, B.C. 496~B.C. 406)는 희곡 「오이디푸스 왕」을 썼다. 희곡의 배경은 테베라는 도시다. 「오이디푸스 왕」은 테베에 퍼진 역병의 원인을 밝히기 위해 쓰였다. 희곡은 궁전 앞 제단 주위에 모여 탄원하는 백성들 앞에 등장한 오이디푸스 왕의 대사로 시작된다. 신탁(神託: 신이 사람을 매개자로 해서 자신의 뜻을 나타내거나 인간의 물음에 답하는 일)에서 "라이오스 왕의 살해범이 떠나지 않는 한 역병도 사라지지 않을 것이다"라고 하자 오이디푸스는 신탁의 명령에 복종해 아버지인 라이오스 왕의 살해범을 찾아 그의 눈을 멀게 하겠다고 맹세한다.

오이디푸스는 왕의 아들로 태어났지만, 아버지를 죽이고 어머니와 결혼하게 될 것이라는 신탁 때문에 태어나자마자 산속에 버려졌다. 하지만 운 좋게도 어느 목동에게 발견되어 목숨을 구했고, 이웃 나라의 왕자로 성장하게 되었다. 어느 날 연회에서 오이디푸스는 한 취객으로부터 자신이 왕의 친자가 아니라는 소리를 들었다. 그는 사실을 확인하려고 델포이로 가서 신탁을 구했는데, 자신이 아버지를 죽이고 어머니와 동침할 것이라는 말을 들었다. 코린토스의 왕이 자신의 친아버지인 줄 알았던지라 그는 패륜을 저지르지 않으려고 밤중에 몰래 도망쳤다.

한편 친아버지 라이오스 왕은 옛날 자신이 버린 아들이 어떻게 되었는지 알아보려고 신탁을 받으러 가다가 좁은 길목에서 오이디푸스와 마주쳤다. 라이오스 왕은 오이디푸스에게 길을 비키라고 했는데, 그가 누군지 몰랐던 오이디푸스는 거만한 태도에 분노해 라이오스 왕과 일행을 그 자리에서 죽이고 말았다.

테베에 다다른 오이디푸스는 길을 지키고 있던 스핑크스를 만나 아침에는 네 발로, 점심에는 두 발로, 저녁에는 세 발로 다니는 것이 무엇이냐는 유명한 수수께끼를 풀었다. 결국 스핑크스는 수치심에 절벽에서 뛰어내려 자살하고 오이디푸스는 테베의 영웅이 되었다. 테베의 시민들은 오이디푸스를 왕으로 추대했다. 오이디푸스는 마침 과부가 된 자신의 생모 이오카스테와 결혼해 테베의 왕이 되었다. 신탁의 예언대로 아버지를 죽이고 어머니와 결혼해 2남 2녀를 낳고 살았다.

어질고 지혜로운 오이디푸스 왕은 선정을 베풀어 테베를 번영하는 도시로 성장시켰다. 친부모로 알고 있던 양부모가 자연사했다는 소식을 듣자 신탁이 이루어지지 않았다며 홀로 안심하기도 했다. 그런데 테베에 역병이 돌기 시작했다. 예언자에게 그 이유를 알아본 결과, 자신이 친아버지를 죽이고 친어머니와 결혼해 자녀를 낳고 살아가고 있다는 것을 알게 되었다. 그는 친어머니이자 아내인 이오카스테의 황금 브로치로 자신의 눈을 찔러 소경이 되었고, 딸 안티고네와 함께 테베를 떠났다.

소포클레스의 작품에 등장하는 '역병'은 당대 유행한 흑사병으로 의심되는 질병과 절대 무관하지 않다. 흑사병은 페스트균에 의해 발생하는 급성 열성 전염병이다. 페스트균은 숙주 동물인 쥐에 기생하는 쥐벼룩에 의해 사람에게 전파된다. 이 균은 지금도 아시아, 아프리카, 아메리카대륙에 부분적으로 분포해 있다.

테베는 아테네 북부, 즉 그리스 중부 보이오티아 일대 도시국가들의 맹주로서 그리스에서 강력한 세력을 떨친 국가다. 펠로폰네소스전쟁으로 강국 아테네와 스파르타의 국력이 쇠퇴하기 시작하자, 사선대형으로 유명한 명장 에파미논다스(Epaminondas, B.C. 410?~B.C. 362)는 기원전 371년 레욱트라전투에서 스파르타를 무찌르며 그

● 「오이디푸스와 안티고네」
오이디푸스는 자신이 친아버지를 죽이고 친어머니와 결혼한 죄를 깨닫고는 스스로 눈을 멀게 한다. 결국 딸 안티고네는 장님이 된 아버지를 모시고 테베를 떠난다. 위 그림은 샤를 프랑수아 잘라베르의 작품이다.

리스의 패권을 장악했다. 이후 신성 부대로 대표되는 군사 강국으로 이름을 날렸다. 하지만 기원전 339년 카이로네이아전투에서 테베가 자랑하던 무적의 신성 부대는 필리포스 2세가 이끄는 마케도니아 군대에 궤멸되었다. 이로써 테베는 그리스에서 패권을 상실하고 만다. 이 전투에서 신성 부대는 사랑하는 동료를 전장에 버려두고 떠나지 못해 전멸할 때까지 싸웠다고 한다. 테베 시민들은 이들의 시신을 한 무덤에 합장해주었다.

✢ 오이디푸스콤플렉스와 엘렉트라콤플렉스

오이디푸스 이야기가 나온 김에, '오이디푸스콤플렉스(Oedipus complex)'에 대해서도 알아보자. 부자 갈등의 심리로 이해되는 오이디푸스콤플렉스는 정신분석학자 프로이트(Sigmund Freud, 1856~1939)가 도입한 개념이다. 프로이트는 이 개념으로 3~6세의 남자아이가 무의식적으로 갖는 부모를 향한 상반된 욕망을 설명했다. 이 시기의 남자아이는 어머니에게는 에로스(Eros)적 욕망인 성욕을, 아버지에게는 타나토스(Thanatos)적 욕망인 살의를 느낀다. 어머니를 성적으로 소유하고 싶은 욕망이 일어나면서 '방해꾼'인 아버지를 적대시하며 죽이고 싶은 욕망이 생긴다는 것이다.

프로이트는 신화 속 인물인 오이디푸스 왕의 운명을 이 개념의 배경으로 삼았다. 희곡 「오이디푸스 왕」이 관객의 마음을 사로잡는 이유는 오이디푸스의 운명이 우리 내면에 숨은 욕망을 이끌어내기 때문이라고 보았다. 어린 시절 품은 오이디푸스콤플렉스는 '거세'에 대한 공포심을 통해 해소된다. 아이는 자신이 품은 욕망이 발각되어 거세당할지 모른다는 두려움 때문에 욕망과 배치되는 행동을 취한다. 즉, 어머니와 거리를 두고 아버지를 닮으려 하면서 욕망은 잠복기를 거친다. 남자아이는 활달하고 거친 행동과 놀이에 빠져들면서 '남성'으로 틀을 잡아간다.

한편, 여자아이는 오이디푸스콤플렉스와 대비되는 '엘렉트라콤플렉스(Electra complex)'를 가지고 있다. 이 이름은 아가멤논(트로이전쟁의 그리스군 총사령관)의 딸인 엘렉트라에게서 유래했다. 엘렉트라는 아버지에 대한 집념과 어머니에 대한 증오심을 보였는데, 칼 융(Karl Jüng, 1875~1961)이 프로이트가 세운 이론에 그녀의 이름을 붙인 것이다.

● **지그문트 프로이트**
정신분석의 창시자로, 남자아이와 여자아이가 갖는 무의식적인 욕망을 각각 오이디푸스콤플렉스와 엘렉트라콤플렉스라는 개념으로 설명했다.

엘렉트라콤플렉스 이론에 따르면, 3~5세의 남근기(男根期)에 여자아이는 자신에게 남동생이나 아버지가 가진 음경이 없다는 사실을 알고 남성을 부러워하고, 자신에게 음경을 주지 않은 어머니를 원망한다고 한다. 프로이트는 음경에 대한 선망이 여자아이에게 엘렉트라콤플렉스를 갖게 하는 원인이 된다고 보았다. 이러한 욕구는 어머니의 여성적 가치를 자기와 동일시하고 초자아(superego)가 형성되면서 사라진다고 했다.

5 로마제국의 의무 부대

✚ 로마 황제가 의무 부대를 창설하다

고대 로마 시대는 보통 로마가 건국된 해로 알려진 기원전 753년부터 서로마제국이 멸망한 기원후 476년까지를 말한다. 그리고 아우구스투스(Augustus, B.C. 63~A.D. 14)가 황제 지배 체제를 시작한 기원전 27년부터는 고대 로마를 '로마제국'이라 부른다.

아우구스투스가 전문적인 의무 부대를 만들기 전까지는, 지휘관 대부분이 군대 내 부상자나 환자에게 무관심했다. '병사를 아끼는' 몇몇 사령관만 사비를 들여 의사를 고용해 부하들을 치료해주었다.

기원전 30년경부터 아우구스투스는 병사들의 전투력과 사기를 높이기 위해 의무 부대를 창설했다. 이 전문적인 군 의료 체제는 제국이 멸망할 때까지 지속되었다.

능력 있는 의사들을 입대시키기 위해 군의관에게는 여러 혜택을 주었다. 기사 작위를 수여하고, 로마 시민권을 보장하고, 은퇴 후에는 연금과 면세 혜택까지 주었다. 제국 초기 군의관들은 그리스의 과학적이고 실증적인 진료법과 수술법을 교육받은 그리스인이었다. 덕분에 로마의 의무 부대는 과학적인 전문성을 지니게 되었다. 나중에는 군의학교를 설립하고 의학 서적을 출판해 진료와 수술 방법을 체계화하고 통일시켰다. 새로운 치료법이 확립될 때마다 의학 서적 개정판에 포함시키는 발전을 보이기도 했다.

현대 군대의 의무 부대와 마찬가지로 로마군 의무 부대의 임무는 비전투 손실률을 줄이고 부상자를 치료해 전장으로 복귀시키는 일이었다. 군의관은 병사의 복무 환경 개선에도 노력했다. 즉, 병사의 건강을 유지하기 위해 주둔지의 하수 처리 시설 정비, 깨끗한 물 공급, 채소·고기·빵·과일 등을 골고루 조합한 다양한 식사, 정기적인 건강 검진, 막사 모기장 설치, 사망자의 화장, 병사 개개인의 청결 유지 등을 시행하도록 감독했다.

기원후 1세기에는 군의관을 지원하지 않는 의사도 군의학교의 군의관 과정을 수료해야 인정을 받을 정도로 군의학교의 교육과정은 권위가 있었다. 각 군단에서 군단장, 기병대장 다음으로 높은 지휘권자가 군단 병영 사령관이었다는 사실에서도 당시 군대에서 의무대의 지위를 짐작할 수 있다.

당시 의무대의 조직 구성은 어떠했을까? 수석 군의관은 최대 복무 기간이 25년인 장기 군의관이었다. 그 휘하에는 여러 군의관이 복무했는데, 이들은 내과·외과·약학 등 전문 훈련을 받은 의사들이었다. 그중 외과의가 특히 우대를 받았다. 각 군의관 밑에는 기초 의료 지식을 교육받은 의무병들이 군의관을 보조했다. 군단마다 의무대가 편성되었으며, 군단 아래 대대에 군의관과 의무병들이 배속되었다. 소규모 분견대나 보조 병과에도 의무병들이 배치되었다. 해군 함대도 마찬가지로 함선마다 군의관 한 명과 보조 의료진이 배치되었다.

전장에서는 부상자를 일차적으로 치료한 뒤 후방으로 후송하는 구조사(붕대병) 분대가 편성되었다. 이들은 투구와 갑옷 등으로 무장하고, 부상자를 부상 정도에 따라 우선순위를 나눠 후송했다. 부상자는 신속하게 전선 바로 뒤 야전병원으로 옮겨져 군의관의 치료를 받았다.

주요 주둔지에는 육군병원이 설립되었다. 군단장 직속의 병원장이 관리하는 이 병원은 군단 병력의 약 10%인 500명 정도를 한꺼번에 수용할 수 있었다. 수술실과 병실은 따로 나누어 관리하고 부상자가 대량으로 발생했을 때 발 빠르게 대처할 수 있도록 설계했다.

게다가 군병원에는 수술 도구, 약초, 알코올 등 상당량의 의료 물

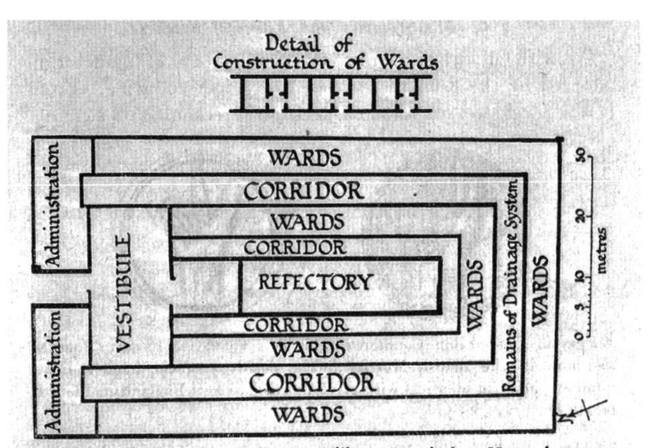

● 로마 군병원의 상세 구조도
부상자가 대량으로 발생했을 경우 발 빠르게 대처하기 위해 가장 효율적인 병원 구조를 설계했다. 'WARDS'는 병동을, 'CORRIDOR'는 복도를 의미한다.

자를 상비하고 있었다 한다. 이런 점으로 보아 당시 군병원은 민간 병원보다 수준 높은 의료 서비스를 제공했다는 사실을 알 수 있다.

로마 시대에는 수술 치료를 어떻게 했을까?

로마 시대에는 사람 몸을 해부하는 행위가 종교적으로 금지되지 않았다. 그래서 로마의 의사들은 사망한 검투사나 처형당한 사형수의 시신을 해부해 뼈나 근육, 혈관의 위치 등 사람 몸의 구조를 잘 이해

할 수 있었다. 해부학적 지식과 전문적인 수술 도구의 발달은 외과 수술을 가능하게 했다.

화살촉이나 부러진 칼날 등 이물질을 빼내는 집게, 상처 부위를 소독하거나 감염 부위를 퍼내는 숟가락, 피부나 근육 조직을 들어내는 데 쓰는 집게, 언제나 날카롭게 갈아두는 메스, 출혈 쇼크를 막기 위해 혈관을 압박하는 도구, 각각 다른 목적을 가진 칼날들을 갈아 끼우는 메스 등 여러 수술 기구가 구비되어 있었는데, 이를 통해 발달된 의료 체제를 엿볼 수 있다. 수술 기구를 관리할 때 의사들은 멸균 소독과 상처 부위의 감염 방지에 각별히 유의했다.

특히 군의관들은 환부의 감염에 대해 경험으로 잘 알고 있었다. 감염을 방지하기 위해 한 환자에게 사용한 수술 도구를 바로 다른 환자에게 사용하지 않고, 수술 후 불에 달구거나 끓는 물에 담가 소독했다. 물론 의사 자신도 청결을 유지했다. 수술 전과 후에 상처 부위는 반드시 식초로 소독하고 붕대는 주기적으로 갈아주었다. 항균제가 없던 시절이지만 벌꿀의 섭취를 권장했다. 벌꿀은 균의 전염을 막는 데 상당히 효과적이었다고 한다. 최근 연구 결과에 따르면, 벌꿀 성분 중 천연 항생 성분인 프로폴리스가 강력한 살균·항균 효과를 가지고 있다고 하니 매우 올바른 조처인 셈이었다.

전문적이고 신속한 후송 및 치료를 통해 후방 야전병원까지 이송된 부상자의 생존율은 약 70%로 매우 높은 편이었다. 중상을 입어도 수술로 치료할 수 있었다. 『플루타르코스 영웅전』으로 유명한 로마

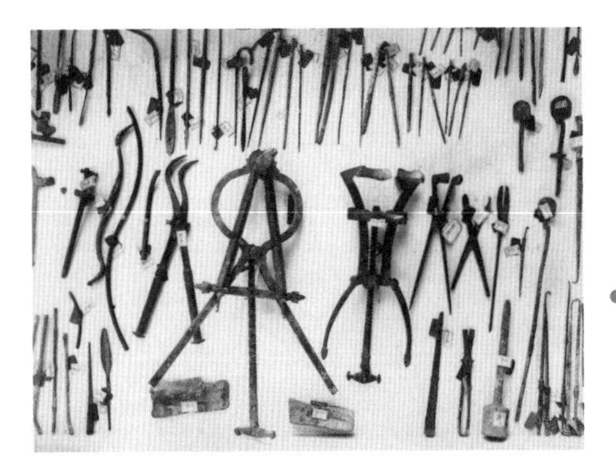

● 로마 시대의 수술 도구들
고대 로마 시대에는 메스, 집게, 숟가락 등 다양한 수술 도구를 사용했다. 위 사진은 로마 폼페이 유적에서 발굴된 수술 도구들이다.

의 저술가 플루타르코스(Plutarchos, 46?~120?)는 클레안테스라는 군의관에 대해 기록했다. 군의관은 칼에 배를 깊숙이 찔려 내장이 쏟아져 나온 병사의 내장을 다시 집어넣고 출혈을 멈추게 한 뒤 상처 부위를 정밀하게 봉합해 완치시켰다. 수술 과정에서는 마취제로 아편과 맨드레이크를 사용했다고 한다.

이러한 의료 혜택 덕분인지 몰라도 전장과 같이 험한 환경에서 지내는 병사들이 오히려 민간인보다 평균 수명이 10년 정도 더 길었다고 한다.

6 16세기 전장의 영웅들

파레, 혈관 묶음법을 고안하다

프랑스의 외과 의사 파레(Ambroise Paré, 1510~1590)는 의학사에 한 획을 그은 인물이다. 1536년 스물여섯 살인 그는 전장에서 평생 잊을 수 없는 경험을 하게 되었다. 군의관으로 복무하던 중 화약 폭발로 심한 화상을 입은 두 병사를 만났다. 동료 병사가 다가와 두 환자를 위해 해줄 수 있는 일이 있는지 물었다. 가망이 없다고 생각한 파레는 고개를 가로저었다. 그러자 동료 병사는 조용히 단검을 꺼내 부상당한 두 병사의 목을 그어버렸다. 파레는 놀라서 자기도 모르게 소리를 내질렀다.

“이 악당아!”

그러자 동료를 죽인 병사가 말했다.

“내가 이런 상태가 된다면, 누구라도 나를 이렇게 만들어달라고 신께 기도했을 겁니다.”

이 병사가 한 일을 두고 우리는 ‘자비로운 일격(coup de grâce)’이라고 부른다. 요즘 말로 일종의 ‘안락사’다. 이 사건을 통해 파레는 부상당한 병사들이 고통을 참으며 목숨을 부지하느니 차라리 죽음을 택한다는 사실을 알게 되었다. 이때부터 어떻게 하면 환부에 통증을 유발시키지 않고 치료해줄 수 있을지 고심했다. 파레는 1537년 프랑스의 프랑수아 1세와 신성로마제국의 카를 5세가 벌인 전쟁에서 외과의로 종군을 시작해, 1569년 몽콩투르전투까지 32년 동안 현장을 누비며 전장의 경험을 쌓았다.

전장에서 총상을 입은 환자는 출혈을 멈추게 해야 생명을 살릴 수 있다. 16세기 중엽까지는 1514년 교황청 의사인 비고(Giovanni da Vigo, 1450~1525)가 발표한 『외과 실제』에 수록된 총상 치료법이 널리 쓰였다. 총상 부위에 끓인 기름을 부어 지져서 출혈을 멎게 하는 방법, 이른바 ‘지짐법(cauterization)’이었다.

파레는 1545년 「화승총이나 기타 총으로 인한 상처 치료법」이라는 논문을 발표했는데, 이 논문에 따라 사지 절단 수술을 할 때나 동맥 출혈을 지혈할 때, 상처 부위를 불로 태우는 ‘지짐법’ 대신 혈관을

● 「군의관 파레」
전장에서 군의관 파레가 부상당한 병사에게 무릎 위 절단술을 시행하고 있다. 위 그림은 샤를 모랑이 그린 목판화이다.

실로 묶는 '묶음법(ligation)'을 도입했다. 그가 '묶음법'을 고안한 것은 '지짐법'은 염증이 잘 생기고 환자가 매우 고통스러워했기 때문이다.

1542년에는 총알이 어디에 박혀 있는지 몰라 치료를 받지 못하는 병사에게 피격 당시의 자세를 취하게 해 박힌 총알의 위치를 정확하게 찾아 제거한 일이 있었다. 이 경험은 외과 의사에게 해부학이 그만큼 중요하다는 사실을 일깨워주었다. 이후로 그는 해부학에 몰두해 1561년 베살리우스(Andreas Vesalius, 1514~1564)의 『인체의 구조에 관해』를 외과 의사들이 읽기 쉽게 소개한 『인체의 일반 해부학』을 출간했다.

파레는 사람의 몸을 과학적인 시각으로만 바라보지 않았다.

"사람은 혼자 태어난 것도 아니고 혼자 살아가려고 태어난 것도 아니다. 신은 사람에게 주변의 사물을 사랑하는 능력을 주셨다. 사랑하는 능력과 사랑하는 것을 구하는 능력은 사람의 마음에 새겨져 있는 것이다."

이와 같은 말에서 그의 인본주의적인 태도를 느낄 수 있다.

또 파레는 겸손하고 훌륭한 인격을 소유하고 있었다. 어느 귀족이 머리 부상을 치료해준 것에 감사의 뜻을 표하자 파레는 이렇게 대답했다고 한다.

"나는 붕대만 감았을 뿐이고 하느님이 상처를 낫게 하셨습니다."

1564년에 발간한 책 『외과 논문』에서 파레는 사지를 절단한 환자가 상실한 팔다리를 아직 가지고 있는 것처럼 느끼고 통증까지 경험하는 증상에 관해 기술했다. 이것이 그 유명한 '헛팔다리통증'이다. 파레는 이 증상은 잘려나간 팔다리에서 일어나는 것이 아니라 '뇌'에서 느끼는 것이라 생각했다.

독일의 의사 출신 작가 되블린(Alfred Döblin, 1878~1957)이 쓴 『베를린 알렉산더 광장』에서도 주인공이 이 증상을 느낀다. 주인공은 트럭에 치여 한쪽 팔을 잃었다. 그런데 잃어버린 팔이 얼마나 아픈지, 통증 때문에 밤잠을 이루지 못하며 하소연하는 장면이 여러 번

* 순환장애

심장병, 콩팥병, 동맥 경화증, 만성적인 과로가 원인이 되어 혈액의 순환을 막는 장애를 말한다. 심장 박동이 늘어나고 호흡이 억눌리며 소변이 적어지는 증상이 나타나고 온몸에 부기가 생긴다.

* 유착반흔

다른 조직이나 장기 사이에 흉터가 생겨 조직이 서로 비정상적으로 들러붙는 것을 말한다.

나온다. 독자들은 이 장면을 읽을 때마다 소름이 끼쳤을 것이다.

헛팔다리통증은 보통 간헐적으로 나타나며 주기와 감각의 강도는 시간이 지나면서 차츰 줄어든다. 절단된 팔다리의 신경 말단부에 순환장애*나 유착반흔*이 있으면 증상이 생기기 쉽다. 정신적 요소도 한몫한다. 마음이 평온한 상태에서는 통증이 적은 편이다. 반면, 스트레스, 불안, 날씨 변화 등으로 통증이 악화될 수도 있다. 이를 치료하기 위해 안정제, 진통제, 진정제 등 약물 요법을 쓰거나 재절단술을 시행한다. 심하면 교감신경 절단술이나 척수 후근 절제술을 실시하는 경우도 있다.

사람은 가지고 있지도 않은 팔다리에서 통증을 느낄 만큼 감각이 섬세하게 발달한 존재다. 그러므로 파레가 전장의 경험을 통해 얻은 의학 기술은 우리에게 무엇보다 소중한 자산이다.

레판토해전의 외팔이 세르반테스

전쟁은 예술가에게 영감을 준다. 위대한 소설 가운데 하나로 인정받는 『돈키호테』도 세르반테스(Miguel de Cervantes, 1547~1616)가

1571년 레판토해전에 참전한 경험의 산물로 알려져 있다.

세르반테스는 스물네 살에 레판토해전에 뛰어들었다. 이 해전은 약 17만 명의 병력이 바다에서 격돌한 16세기 유럽 최대 규모의 해전이었다. 또한 화력으로 승부가 결정 난 최초의 해전이었다. 당시 해전술은 배끼리 부딪치거나 병사가 배에 기어올라 싸우는 것이 전부였다. 그래서 적군의 배에 가장 먼저 뛰어오른 사람에게는 금으로 만든 해전수훈관을 상으로 주기도 했다.

대양에서 세력을 겨루는 대규모 해전의 양상은 레판토해전 때부터 범선과 포술이 발전하면서 본격적으로 나타났다. 이슬람 병사들은 총이 부족해 주로 활로 무장한 데 비해, 기독교 병사들은 화승총으로 무장해 훨씬 우세한 화력을 보였다. 이 전쟁으로 기독교의 신성 동맹에서는 약 7,500명의 병사와 선원, 노잡이가 전사했다. 이에 비해 이슬람의 오스만튀르크 군대는 사상자가 약 2만 5,000명에 달했다.

세르반테스는 레판토해전에서 스페인 해군의 마르케사 호에 승선해 보병 부대를 지휘했다. 가슴에 두 발, 왼팔에 한 발의 총상을 입고 목숨은 건졌지만, 총상의 후유증으로 평생 왼손을 쓰지 못했다. 아마도 왼팔의 정중신경*이나 자신경*이 손상된 듯하다. 그는 부상 후에도 군 생

* 정중신경

팔신경얼기(다섯 번째 목뼈와 첫 번째 등뼈에 걸쳐 나오는 척수신경 다발)의 안쪽과 바깥쪽 다발이 만나 이루는 신경으로 아래팔 앞쪽의 대부분 근육과 엄지손가락 근육 및 손바닥의 피부에 분포한다.

* 자신경

팔신경얼기의 안쪽 다발에서 일어나 아래팔과 손바닥의 일부 근육을 움직이며, 손바닥의 새끼손가락 쪽 피부의 감각을 담당한다.

활을 계속하다가 1575년 본국으로 귀환하던 중 이슬람 해적에게 잡혀 5년간 알제리에서 포로 생활을 했다. 이때 네 차례나 탈출을 시도하기도 했다. 다행히 가톨릭의 '삼위일체회'가 몸값을 지불해 간신히 풀려나 1580년에 귀국했다.

세르반테스는 '레판토해전의 외팔이'라는 별명을 얻었고, 이 전쟁의 경험을 매우 자랑스럽게 생각했다. 이로부터 『돈키호테』라는 작품이 탄생했는데, 특히 작품 중 39~41장에서 포로에 관한 이야기를 생생하게 기록했다.

어린 시절 대부분 『돈키호테』를 동화나 만화로 읽어보았을 것이다. 저돌적인 기사 돈키호테는 애마 로시난테를 타고 길을 가다가 풍차를 거인이라 생각하고 돌격한다. 그러다가 풍차의 날개에 부딪혀 멀리 날아가 떨어진다. 하지만 돈키호테는 마술사가 거인을 풍차로 탈바꿈시켜놓은 것이라고 생각한다. 이 장면을 보고 피식 웃음이 나지 않은 사람이 없을 것이다.

세르반테스의 작품은 지금도 연극이나 뮤지컬로 공연되고 있다. 2016년에는 국내에서 세르반테스 사망 400주년을 맞이해 〈맨 오브 라만차〉라는 뮤지컬이 처음 상영되었다. 이 뮤지컬에서 돈키호테는 재미있는 멜로디로 「불가능한 꿈」이라는 노래를 부른다.

● 세르반테스 석상
마드리드 스페인 광장에 세워져 있는 세르반테스 석상이다. 앉아 있는 세르반테스 앞에 말을 타고 가는 돈 키호테와 산초가 보인다.

이룰 수 없는 꿈을 꾸고

이길 수 없는 적과 싸우고

참을 수 없는 슬픔을 견디고

바로잡을 수 없는 불의를 바로잡으려 하고

두 팔의 힘이 다 빠질 때까지

닿을 수 없는 별을 향해 나아가는 것

아무리 멀고 희망이 없어 보여도

그 별을 찾아가는 것, 그것이 바로 나의 길이라오.

조롱과 상처로 가득한 한 인간이

마지막 남은 힘까지 짜내어

닿을 수 없는 저 별에 이르려 애쓴다면

세상은 그만큼 밝아지리라.

마드리드 스페인 광장에 있는 세르반테스의 석상을 보면 오른손은 그가 저술한 책을 잡고 있지만, 왼팔은 옷깃에 넣어 왼손 끝만 살짝 보인다. '레판토의 외팔이'라는 별명답게, 마비된 왼팔을 옷깃에 숨겨 허벅지 위에 올려놓은 것이다.

세르반테스가 존경받는 건 훌륭한 작품을 남겨서이기도 하겠지만, 전투에서 총상을 입어 한쪽 팔이 불구가 되었음에도 불굴의 의지를 가지고 '두 팔의 힘이 다 빠질 때까지 닿을 수 없는 별을 향해 나아가는' 꿈을 꾸었기 때문이 아닐까.

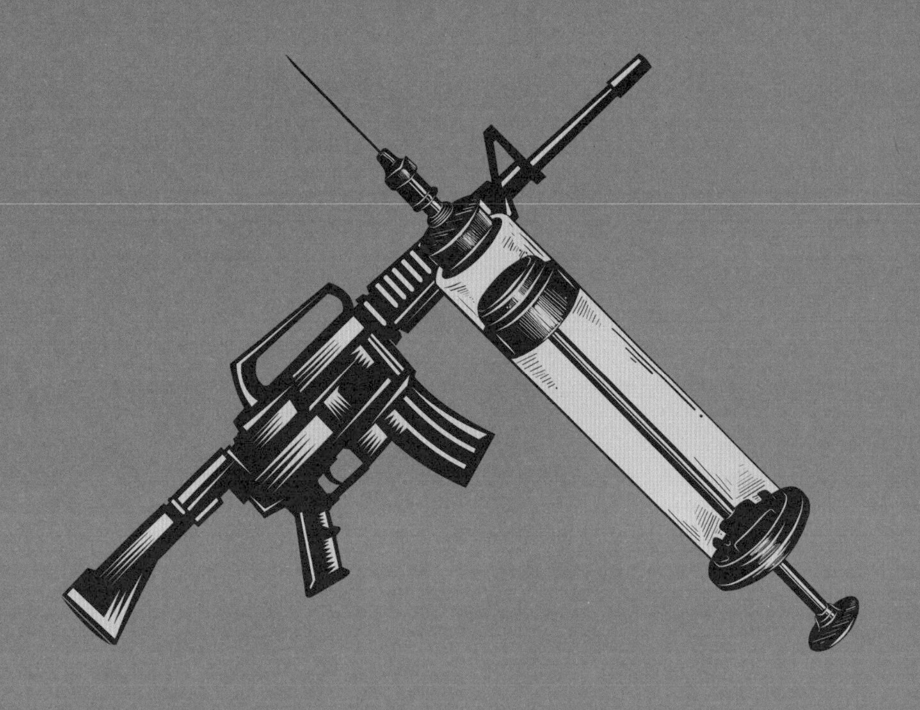

제2부

근대 전쟁
: 의료 개혁이 일어나다

1 나폴레옹이 건강했다면 역사가 바뀌었을까?

나폴레옹의 건강 이상설이 제기되다

지휘관의 건강 상태는 군대 전체에 지대한 영향을 미친다. 뛰어난 지휘관이 지휘하는 군대일수록 더욱 그럴 것이다.

한때 나폴레옹(Napoléon Bonaparte, 1769~1821)은 영국과 전 유럽 대륙을 제패했다. 하지만 1812년 '러시아원정'에 실패한 뒤 1814년 영국, 러시아, 프로이센, 오스트리아 군대에 의해 파리를 점령당하고 결국 엘바섬으로 유배되었다. 그러다가 1815년 3월 다시 파리로 돌아와 황제 자리에 올랐지만, 같은 해 6월 워털루전투에서 영국-프

● 치질 치료법 광고
치질 치료법 광고에 등장하는 나폴레옹의 초상과 '워털루전투 패전의 진짜 이유는 치질'이라는 문구가 인상적이다.

로이센 연합군에 패해 세인트헬레나섬에 또다시 유배되었다. 그리고 거기서 생을 마감했다.

워털루전투는 처음에 프랑스군의 승리로 기우는 듯했다. 그러나 그루시가 지휘하는 프랑스군이 도착하지 않았고, 퇴각하던 브뤼허의 프로이센군 6만 명이 다시 기습 공격을 했다. 결국 전세가 역전되었는데, 이는 전쟁사에서도 매우 유명한 이야기다.

전쟁에 패한 원인에 관한 여러 분석 가운데 '지휘관 나폴레옹의 건강 이상설'은 꽤 그럴듯하다. 당시 그가 앓던 병이 몇 가지 있었는데, 그중 가장 유력한 주장은 '치질설'이다. 엘바섬을 탈출한 나폴레옹은 옛 부하들과 합류해 파리로 진군했다. 며칠간은 말을 타고 가다가 치질이 극심한 통증을 유발해 이틀간은 마차에 누워서 갔다고 한다. 그리고 다시 기마 행군으로 파리에 입성했다.

몇 달 뒤 그는 훈련이 부족한 12만 4,000명의 병력으로 웰링턴이 지휘하는 10만 연합군과 12만 프로이센 정예부대와 맞섰다. 첫 번째 싸움에서는 프로이센군을 상대로 승리했는데, 이는 프로이센군이 영국군과 합류하기 전에 격파한 덕분이었다. 프로이센군 격파 후 곧바로 영국군을 상대했다면 나폴레옹이 승리했을지도 모른다고 역사가들은 분석한다. 하지만 나폴레옹은 그렇게 하지 못했다.

1815년 6월 16일 하루 종일 말 위에 앉아서 전투를 지휘한 나폴레옹은 항문 통증에 시달려 밤새도록 잠을 이루지 못했다. 새벽에야 겨우 잠이 들어 다음 날 아침 8시가 되어도 일어나지 못했다. 절호의 기회를 침상 위에서 놓치고 오전 11시가 되어 겨우 지휘를 시작했다. 나폴레옹이 치질에 시달리던 열두 시간 동안 프로이센군은 전열을 재정비했다. 뒤늦게 입수된 정보 탓에 나폴레옹이 엉뚱한 방향으로 추격을 명령하는 바람에 프랑스군은 분산되고 오히려 적군은 집결되었다. 벨기에 동남부의 워털루에서 벌어진 이 전투에서 프랑스군의 전사자는 무려 4만 명에 이르렀다.

나폴레옹은 후일 워털루전투에 대해 아쉬움을 금치 못했다.

"결국 그것은 운명이었다. 나는 그 전투에서 이겼어야 했다!"

건강 이상설 중 두 번째 가설은 '수면무호흡증설'이다. 최근 프랑스의 어느 이비인후과 의사는 나폴레옹이 낮 시간에 많이 졸고 무기력한 것은 구조상 목이 짧고 턱이 뒤로 들어갔으며 코에 병이 있기 때문이라고 설명했다. 나폴레옹은 수면무호흡증 때문에 잠을 자주 깼고, 나이가 들면서 증상이 점점 더 심해졌다. 만약 현대식 치료를 받을 수 있었다면 모스크바 공략이나 워털루전투에서 승리했을지도 모른다.

독일의 한 비뇨기과 의사는 워털루전투 때 나폴레옹이 급성방광염 탓에 역량을 충분히 발휘하지 못했다고 주장했다. 비가 그치지 않는 추운 날씨에 열악한 위생 환경까지 겹쳐 방광염이 찾아왔다는 것이다. 나폴레옹을 수행한 의사는 그날 아침 장군의 몸 상태가 좋지 않아 계획한 대로 일찍 명령을 내리지 못했다고 편지를 남겼다. 이것이 방광염으로 몇 시간 지연한 것 때문에 프랑스군이 패전했다는 '방광염설'이다.

나폴레옹의 사례는 고도의 집중력이 필요한 전장에서 지휘관의 질병이 전투의 패인이 될 수 있다는 것을 보여준다. 다시 말해, 군인에게는 건강이 최우선이다. 심한 스트레스를 받는 지휘관일수록 규칙적인 생활 리듬과 숙면이 필요하고, 과도한 음주나 흡연을 피해야 한다.

전선의 지휘관뿐만이 아니다. 하루 종일 앉아서 공부하는 학생들이야말로 말을 타고 다니던 나폴레옹과 마찬가지로 치질에 걸릴 위험에 노출되어 있다. 전문가에 따르면 우리나라 인구의 60%가 치질(본인이 느끼지 못하는 1기 치질 포함)을 앓고 있다고 한다. 치질을 예방하려면 규칙적인 운동과 정기적인 식사가 필요하다. 화장실에서 스마트폰을 보거나 책을 읽으면서 장기간 배변을 보지 않는 것이 좋다. 채소에 들어 있는 섬유질을 섭취하고, 배변 뒤에는 온수 좌욕을 하는 것도 좋은 방법이다. 보존적 요법으로 변을 무르고 편하게 볼 수 있도록 완화제를 먹거나 항문 연고 및 좌약을 사용하는 것도 도움이 된다.

군인도 50분 행군하면 10분씩 쉬듯이, 학생이나 사무직 직장인도

쉬는 시간에는 의자에서 일어나서 가벼운 맨손체조나 스트레칭을 하는 것이 좋다.

✚ 여전히 미스터리인 나폴레옹의 사인(死因)

2016년 프랑스 파리를 방문했을 때 지하철역에서 나와 지나가는 사람들에게 로댕 미술관 가는 길을 물었다. 검은 베레모를 쓴 키 큰 노부부가 길을 알려주면서 황금색 돔이 있는 건물을 가리켰다.

"저 앵발리드 앞으로 지나가면 로댕 미술관이 나와요. 그런데 저 앵발리드에는 나폴레옹의 유해가 모셔져 있지요."

앵발리드 지하의 돔 교회당에 있는 나폴레옹의 관은 일곱 겹으로 싸여 있었다. 주석, 마호가니, 납 두 겹, 흑단, 떡갈나무, 그리고 마지막은 대리석으로 싸여 녹색의 돌 위에 놓여 있었다. 가히 영웅의 위상을 느끼게 하는 자태였다.

많은 사람이 나폴레옹을 영웅으로 생각하는 것은 유럽을 제패한 훌륭한 군인의 면모 때문이기도 하지만, 사회·경제·문화적으로 이룬 업적 때문이기도 하다. 그가 이룬 의학적인 공헌도 적지 않았다. 의학은 수많은 목숨을 희생해야 하는 전쟁을 치른 뒤 발전하기 마련이지만, 나폴레옹은 의학에 관심이 많아 특별히 사망 후에 자신을 부검해달라고 당부할 정도였다. 하지만 부검을 해도 사인(死因)을 밝

● 나폴레옹 관
프랑스의 앵발리드 지하에 나폴레옹의 유해가 안치되어 있다. 앵발리드는 현재 군사박물관, 현대사박물관, 왕실의 돔 교회 등이 모여 있는 프랑스의 대표적인 건축물이다.

히기가 쉽지 않았다.

나폴레옹의 초상화 가운데 특이한 자세를 취하고 있는 그림이 있다. 다비드(Jacques-Louis David, 1748~1825)가 그린 「튈르리 궁전 서재의 나폴레옹」이라는 작품에서 그는 조끼 단추를 풀고 오른손을 옷 속에 넣고 있다.

비서가 남긴 기록을 보면, 1802년부터 나폴레옹은 때때로 오른쪽 배 위쪽에 심한 통증이 발생해 그때마다 책상에 기대거나 의자에 팔꿈치를 대고 조끼의 단추를 풀고는 오른손을 넣어 아픈 곳을 문질렀다고 한다. 이 그림은 그의 독특한 포즈를 그린 것으로 '나폴레옹 포즈'로 알려졌으나, 아마도 상복부 통증을 완화하기 위해 취한 자세가 아니었을까.

1821년 세인트헬레나섬에서 사망한 나폴레옹의 사인에 관해서는 여러 가설이 있다. 그중 하나는 만년의 나폴레옹에게 나타난 증상이 비소 중독과 비슷해, 그가 비소에 의해 독살됐다고 보는 설이다. 생전에 여러 친지에게 나누어준 그의 머리카락을 분석해본 결과 정

●「튈르리 궁전 서재의 나폴레옹」
나폴레옹이 옷 속의 배를 만지는 독특한 자세인 일명 '나폴레옹 포즈'를 취하고 있다. 이 작품은 워싱턴 국립미술관에 소장되어 있다.

상 수치보다 많은 양의 비소가 검출되었다는 사실이 이 주장의 근거가 된다. 미국의 어느 법의학자도 나폴레옹의 머리카락에서 다량의 비소를 검출했다고 확인했지만, 당시 비소가 염료나 약의 원료로 광범위하게 사용되어 어느 정도 중독은 있을 수 있다며 반론을 제기했다. 최근에는 나폴레옹이 유배되기 전 머리카락에서도 비소가 발견되었다. 하지만 당시 유행하던 탈모 치료제의 주성분이 비소였기 때문이라는 학설이 나와 '독살설'은 점차 신빙성이 떨어지고 있다.

생전 그가 바라던 대로 사인을 밝히고자 사망 다음 날 부검이 실시되었다. 부검 소견은 간과 위가 유착되어 있고 이 부위에 새끼손가락이 들어갈 만한 구멍이 나 있는 '위 유문부의 암성궤양(癌性潰瘍)'이었다. 부검에 입회한 나폴레옹의 주치의 앙통마르시(François Carlo Antommarchi, 1780~1838)는 좌측 폐의 상엽에 있는 여러 작은 공동(빈 구멍)을 가리키며 위궤양이 암성궤양이라고 주장했다. 하지만 영국 군의관들은 나폴레옹의 폐가 정상이었고 위궤양은 암으로 발전할 가능성이 있는 정도라고만 기록했다. 당시 병리학 수준으로는 위암과 위궤양을 육안으로 구분하기가 쉽지 않았으므로 여전히 논란의 여지가 있다.

또 다른 가설은 아메바성 간농양*으로 사망했다는 것이다. 세인트헬레나는 아메바성 이질이 만연하던 지역이며, 말년에 나폴레옹이 시달린 고열, 오른쪽 상복부의 둔한 통증, 오른쪽 어

* 아메바성 간농양
창자에 있던 아메바가 피를 타고 간에 도달하여 고름집(농양)을 만든 것을 말한다.

깨로 뻗치는 방사통, 간이 만져지고 누르면 아픈 현상, 황토 빛 피부 등이 아메바성 간농양의 전형적인 증상이었다.

의사의 잘못된 처방 탓에 의료 사고로 사망했다는 주장도 제기되었다. 의사는 나폴레옹의 소화불량과 창자 경련을 치료하려고 주사기 모양의 관장기로 거의 매일 관장을 했다. 이 때문에 칼륨(K+)이 부족해져 저칼륨혈증에 의한 심장 부정맥으로 사망했다는 것이다.

암 환자들은 보통 야위는 데 반해 그는 말년까지 뚱뚱했기 때문에, 위암으로 사망했을 가능성은 적어 보인다. 하지만 사인에 관한 여러 학설 가운데 여전히 위암이나 위궤양 천공에 의한 복막염설이 가장 유력하다. 1821년 사망한 나폴레옹의 사인을 밝히려는 연구가 전 세계 여러 방면에서 이어지고 있어 나폴레옹은 여전히 '살아 있는' 영웅으로 우리 곁에 남아 있는 듯하다.

2 '날아다니는 구급차'와 나폴레옹의 의료 개혁

✚ 전쟁터에서 '날아다니는 구급차'를 발명하다

최근에 중환자실만 50개 병상인 국내 최대의 부산대학병원 권역외상센터에 방문했다. 각 층의 기둥들이 유난히 굵어 주변 공간이 답답하게 보일 정도였다. 여러 명의 부상자가 발생할 때는 덩치 큰 쌍발 헬기가 옥상에 이착륙해야 하므로 하중을 견디기 위해 건물 기둥이 튼튼한 것이라고 했다.

역사적으로 환자 수송의 중요성은 전쟁을 통해서도 충분히 입증되었다.

환자 후송 구급차를 최초로 도입한 사람은 프랑스의 의사 라레(Dominique-Jean Larrey, 1766~1842)로 알려져 있다. 라레는 전장에서 다친 사람을 전투가 끝날 때까지 기다리지 않고 곧바로 처치한 최초의 의사다. 군의관이었던 그는 나폴레옹을 따라 25회에 걸쳐 전쟁에 참전해 60회의 대규모 전투와 400회의 소규모 전투를 치렀다.

포병 장교 출신인 나폴레옹이 신설한 부대는 대포를 끌고 전속력으로 목적지에 도착해 발포하는 기마 포대였다. 이 포대는 매우 빠른 기동력으로 적군을 위협했다. 당시 유럽 군대 가운데 가장 빠르게 이동할 수 있어서 '날아다니는 포대'라는 별명을 얻기도 했다. 이때 라레는 마차에 대포 대신 들것, 부목, 붕대, 약품, 음식물 등을 실은 의무 지원 차량을 개발했다. 경량형은 말 두 마리가 끄는 스프링

● 날아다니는 구급차
프랑스의 의사 라레는 전장에서 다친 사람들을 신속하게 옮기기 위해 일명 '날아다니는 구급차'를 발명했다. 덕분에 환자의 회복률을 상당히 높일 수 있었다.

달린 두 바퀴 마차로 부상병 두 명을 태울 수 있었다. 중형은 말 여섯 마리에 네 바퀴 마차로 최대 여덟 명까지 수송할 수 있었다.

프랑스군은 전열 맨 뒤에 기동력이 있는 이 수백 대의 '날아다니는 구급차'를 배치해, 병사들은 다치더라도 의무 부대가 구해줄 거라 생각하며 용감하게 전장으로 나아갔다. 라레의 의무 부대는 이동 외과병원의 시초가 되었다.

전투가 벌어지면 부상병이 한꺼번에 여러 명 생기게 마련이다. 따라서 시간에 쫓기고 일손이 달리는 상황에서 부상병을 신속히 분류하는 기준이 필요했다. 라레는 '트리아지 태그(triage tag)'라는 부상자 분류 체계를 만들어 활용했는데, 나중에는 의학 용어로 자리 잡게 되었다. '분리하다' 또는 '선택하다'라는 뜻을 지닌 불어 동사 'trier'에서 유래한 '트리아지 태그'는 치료의 우선순위를 정하는 데 유용하게 쓰인다. 검은색 카드는 환자가 가망이 없는 상태로, 사망까지 진통제만 투여하게 된다. 붉은색은 당장 치료하지 않으면 생명이 위험한 상태로, 최우선으로 환자에게 즉각적인 구호 조치를 취해야 한다. 노란색은 구호 조치가 지체되어도 생명에 지장이 없는 부상 상태를, 초록색은 가벼운 부상 상태를 나타낸다.

얼마 전 나는 '국가재난응급의료과정'을 이수했다. 이 과정 중에 가장 먼저 소개되는 것이 환자 분류(SALT: Sort, Assess, Lifesaving Interventions, Treatment/Transport)였다. 인력과 물자가 수요에 미치지 못하는 재난 상황에서 의료진이 가장 먼저 해야 할 일은 치료하면

살릴 수 있는 환자와 가망 없는 환자를 구별하는 것이다.

다수의 부상자가 발생한 현장에 도착하면 가장 먼저 해야 할 말은 무엇일까? "걸을 수 있는 분들은 이쪽으로 오세요"라고 해야 한다. 걸을 수 있는 환자는 가벼운 부상을 입은 것이므로 초록색에 해당한다. 걷지 못하는 사람들에게는 "손을 흔들어 보세요"라고 해서 손을 흔들 수 있으면 노란색에 해당한다. 손도 움직이지 못하면 호흡을 확인해야 한다. 숨도 못 쉬고 맥박도 없으면 가망이 없으므로 검은색에 해당한다. 숨을 쉬면 붉은색에 해당하므로 즉시 구급 조치를 취해야 한다.

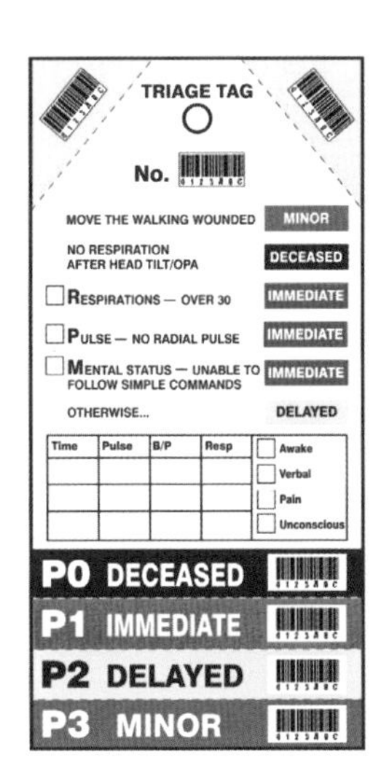

● 트리아지 태그

대규모의 환자가 발생하는 응급 상황에서는 네 가지 색으로 부상의 정도를 구별하는 트리아지 태그를 각 환자에게 부착한다.

현재 사용되는 환자 분류의 시초도 앞에서 말한 나폴레옹 시대에 군의관 라레가 만들었다. 따라서 그는 '재난 의학'의 창시자라고 할 수 있다. 라레는 자신이 고안한 경량형 구급차를 타고 전투 현장에서 부상병을 수술했다. 바그람전투에서 그가 수술한 부상자의 완치율이 90%에 이를 정도로 치료 성적이 좋았다. 의학자들은 높은 회복률의 비결을 '날아다니는 구급차'로 보고 있다. 이 구급차 덕분에 부상을 입은 때부터 수술할 때까지의 시간을 줄였다. 게다가 능숙한 수술 기술로 수술 시간도 단축되어 출혈과 감염도 줄였다.

200년 전에 유럽의 전장을 누비던 '날아다니는 구급차'는 발전을 거듭해 이제는 우리 군대의 부상자들도 스마트 헬기인 '메디온(MEDION)'을 타고 한 시간 이내에 국군 수도 병원에 도착할 수 있다. 2020년에 국군 수도 병원에 외상센터가 완공되면, 우리 군의 외상 완치율은 더욱 향상될 것이다.

✣ 세계적 수준의 나폴레옹 의료 체계

절대왕정이라는 구체제를 폐기시킨 프랑스혁명(1789~1799) 이후 국민의회는 혁명의 슬로건인 '자유와 평등'에 따라 식민지의 노예제도를 폐지하고, 교육과 학문의 자유를 보장하는 정책을 펼쳤다. 혁명 이후 프랑스를 이끈 나폴레옹은 혁명이 제시한 이상을 제도화하기 위해 『나폴레옹 법전』을 편찬했다. 군인 출신임에도 불구하고 나폴레옹은 문(文)과 무(武)를 골고루 갖추기 위해 사력을 다했다. 무엇보다 신분에 관계없이 의학교의 입학을 허용해 의학의 발전에도 기여했다.

혁명 이후 의학 교육은 과거 『히포크라테스 전집』만 읽던 이론 중심의 학습에서 실습 위주로 전환되었다. 나폴레옹 집권 때 교육부 장관을 맡은 푸르크루아(Antoine François Fourcroy, 1755~1809)는 '적게 읽고, 더 많이 보고, 행하자'는 개혁안을 내걸고, 병원에서도 임상 교육이 주가 되도록 했다. 외과와 내과의 구별을 없애고, 3년간의 동일한 교육과정을 거쳐 동일한 학위를 수여하고자 했다. 전임 교수의 개업을 금지해 연구와 진료, 교육에만 전념할 수 있도록 했다. 강의는 어려운 라틴어 대신 프랑스어로 진행하고, 학생들의 이해를 돕기 위해 그림이나 모형을 이용할 것을 권장했다.

새로운 의학 교육에는 문제점도 없지 않았다. 교수 인원에 비해 학생 수가 약 100배 정도 많아 학생이 교수로부터 직접적인 지도를 받을 수 없었다. 그 대신 고학년 선배가 교수의 지도하에 저학년 강의를 사적으로 담당하게 되었다. 교수가 회진을 돌 때 뒤따르는 학생이 너무 많아 제대로 이동하지 못하고 병상 사이를 떠밀려 다닐 정도였다고 한다. 교수가 부족하니 졸업 시험도 제때 치르기 어려웠고, 졸업 후에도 실습할 수 있는 자리가 부족해 효율적인 인재 양성이 힘들었다. 이러한 문제들은 나폴레옹의 정치 체제가 안정되면서 시행착오를 거치며 점차 개선되었다. 덕분에 왕정복고 이후인 1820년대에는 프랑스 의학이 세계적인 수준에 이르렀다.

프랑스혁명 이후 나폴레옹 시대는 군대가 실권을 장악한 시기라 외과가 덩달아 발전할 수 있었다. 개전 초기인 1794년경에 외과 의사들은 군대에 징집되었다. 신설 의학교인 에콜 드 상테(Ecole de Sant)에서는 수술을 가르칠 필요도 없이 전장에 보내면 현장에서 실습을 했을 정도로 속성으로 외과 의사가 양성되었다. 군대에서는 의사가 요긴한 만큼 300년 이상 지속되어온 내과와 외과의 구별이 사라졌다. 동일한 교육과정을 이수한 졸업생들은 과 구별 없이 동일한 면허를 받았다. 옛날에 이발사(barber surgeon)로부터 시작된 외과 의사는 이 시기에 해부학, 생리학을 포함한 의학 지식을 오롯이 자신의 것으로 만들 수 있었다. 학회도 자연스럽게 바뀌어 내과의가 주도하던 의학 아카데미는 1821년 내과, 외과, 해부학과 등 여러 분야의 학자들로 이루어진 아카데미로 개편되었다.

혁명 이후 프랑스는 병원을 개혁하고 의료 제도도 바꾸었다. 군주나 교회가 운영하던 병원을 정부가 운영하기 시작하고 의사도 정부에서 고용했다. 나폴레옹은 의학 교육을 받지 않은 채 아무나 의사를 할 수 있는 혼란스러운 상황을 수습하고자 했다. 1803년에는 4년제 대학 교육을 마치고 나온 의사들과 조건부 한지의사(限地醫師: 일정한 지역에서만 개업하도록 허가한 의사)를 구분해 의료계 내부의 위계질서를 확립했다. 의사 면허 제도를 재도입해 '돌팔이'가 의료 시장에서 사라지고 국민이 국가의 의료 체계를 신뢰할 수 있는 토대가 마련되었다. 정규교육을 받은 실력 있는 의사들은 정부의 지원에 힘입어 약제사나 민간요법을 시술하던 사람들을 배제하고 의료계를 장악했다. 이전까지 지방정부가 관할하던 면허 제도와 의료 체계가 프랑스혁명과 나폴레옹 시대를 거치면서 국가를 중심으로 확고하게 정립되었다. 이 성공적인 개혁은 다른 나라에도 전파되었다.

전 유럽을 상대로 전쟁을 벌인 나폴레옹은 군의관이 많이 필요했다. 따라서 능력이 되는 사람은 신분이나 재산의 유무와 상관없이 누구나 의학 교육을 받을 수 있게 했다. 이러한 일종의 평등사상은 제도 개혁의 원동력이 되었다. 이 시기에 많은 수의 환자를 입원시킬 수 있는 대형 병원도 생겨났다. 대형 병원에서는 환자의 임상 증상 및 진찰 소견을 부검 소견과 대조·관찰하는 해부병리학적 연구가 진행되었다. 이로써 병원 의학 시대가 열렸고 다음 시대의 의학 발전을 위한 기초가 되었다.

나폴레옹 전쟁 시기에 국가 중심의 의료 체계가 유럽 전역으로 전파되었다. 외과는 새로운 의학 교육 체계와 현장 중심 군진의학*의 발달에 힘입어 내과가 독점하던 해부학, 생리학, 기타 임상의학 등 다양한 의학 지식을 흡수하고 체계화해 근대적 발전을 이루었다.

프랑스혁명과 나폴레옹 치세 시기는 조선의 정조 후기와 순조 중기에 해당한다. 훗날 우리

?

* 군진의학

군인의 보건·위생이나 전상병의 진료·방역 등을 연구하는 군인 대상의 의학을 말한다.

나라도 나폴레옹이 발전시킨 프랑스의 의료 제도를 고스란히 들여왔지만, 오늘날 우리나라의 의료 체제가 선진국에 뒤지지 않게 된 것은 단지 우연이 아닌 성실한 국민성 때문이라고 믿는다.

요즈음 우리나라의 의학 교육은 많이 읽고 외워서 필기시험으로 평가하는 방식에서 지식, 기술, 태도 등을 고루 갖추도록 가르치는 방향으로 전환되고 있다. 교수가 학생에게 일방적으로 지식을 주입하는 대신, 학생 스스로가 소그룹 토의를 통해 학습하고 문제를 해결해나가는 교육과정으로 대폭 바뀌었다. 의과대학을 졸업하고 의사가 되기 위해 평가하는 의사 국가시험에서도 필기시험뿐 아니라 표준화 환자 등을 대상으로 실기시험을 실시하고 있다. 참고로 의사를 뽑기 위해 실기시험을 실시하는 나라는 미국, 영국 등 주로 선진국들이다. 의외로 일본은 아직 실기시험을 실시하지 않고 있다.

3 크림전쟁과 나이팅게일

전쟁터에서 '백의의 천사'가 탄생하다

오늘날 '백의의 천사'로 상징되는 간호사도 사실상 전쟁터에서 탄생했다. 즉, 크림전쟁에 종군한 나이팅게일(Florence Nightingale, 1820~1910)로부터 근대 간호학이 시작되었다고 말할 수 있다. 나이팅게일은 영국의 좋은 가정에서 태어나 고등교육을 받았고 영국과 독일에서 간호학을 공부했다. 평소에도 병들고 가난한 사람을 돌보던 그녀는 가족의 만류를 뿌리치고 스물네 살에 간호사가 되었다.

크림전쟁은 1853년부터 1856년까지 러시아와 연합국(오스만튀

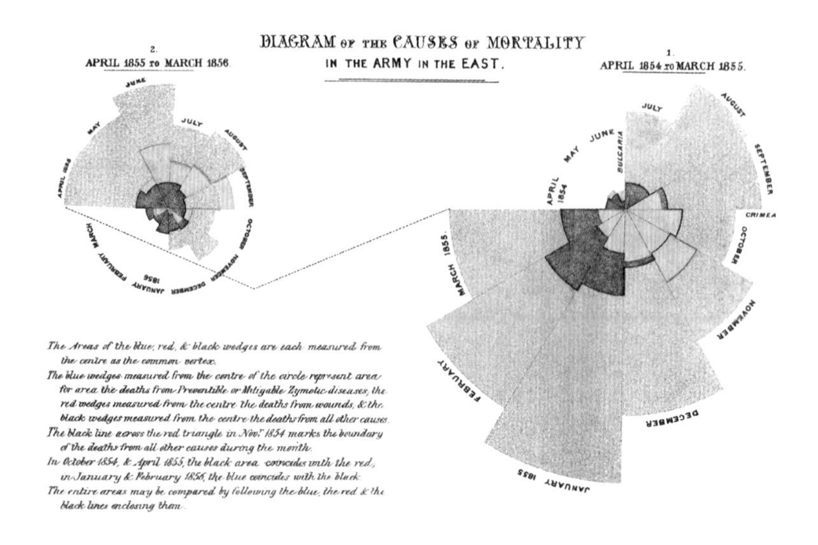

● 나이팅게일이 고안한 사망 원인 다이어그램
나이팅게일은 사망자 수와 사망 원인을 월별로 한눈에 보기 쉽게 다이어그램으로 나타냈다.

르크, 영국, 프랑스, 프로이센, 사르데냐)이 크림반도와 흑해에서 벌인 전쟁이다. 나폴레옹 1세의 조카인 나폴레옹 3세(Napoleon III, 재위: 1852~1870)가 프랑스 내 가톨릭교도의 인기를 얻으려고 예루살렘 성지에서 오스만튀르크의 술탄에게 가톨릭교도에 대한 특권을 요구하자 그리스정교회의 수호자임을 자처하는 러시아의 니콜라이 1세(Nikolai I, 재위: 1825~1855)가 이에 반발해 전쟁이 일어났다.

이 전쟁에서 많은 영국군이 부상과 질병으로 사망했다. 당시에는 야전병원의 위생 상태가 매우 열악했다. 전 세계를 위협하던 콜레라가 전장에서도 기승을 부렸다. 나이팅게일은 야전병원의 운영을 요청받아 38명의 간호사와 함께 스쿠타리 야전병원으로 갔다. 이 병원은 3,000여 명의 부상병으로 꽉 차 있었을 뿐 위생·세탁 시설이 전혀 없어 이와 벼룩이 들끓었다.

나이팅게일은 야전병원의 위생 상태를 개선하기 위해 먼저 야전병원의 현황을 정확한 숫자로 파악했다. 그녀가 숫자로 통계를 내기 전까지 크림전쟁에서 영국군은 사망자 수조차 정확하게 헤아리지 못했다. 입원, 부상, 질병, 사망 등의 통계 내역을 통일하고 많은 사람이 보기 쉽게 어려운 통계를 도표화했다. 그 결과 야전병원의 사망률이 42%에서 6개월 후 2.2%까지 감소했다.

통계를 통해 깨끗한 위생 상태가 사람을 살린다는 증거를 보여주

「등불을 든 여인」
헨리에타 레이라는 화가가 밤에 등불을 들고 회진하는 나이팅게일의 모습을 상상하여 그린 그림이다.

었고, 이를 근거로 청소, 세탁, 급식 상황을 개선해나갔다. 위생 위원회를 설립해 하수구를 수리하고 급수 시설과 깨끗한 침대 보급에 힘썼다. 더불어 간호사들을 재교육해 엄격한 규칙을 적용하고, 부상병을 돌보는 데 열과 성의를 다하도록 간호 정신을 불어넣었다. 그녀의 행정 능력은 야전병원뿐만 아니라 다른 군 부서의 조직 관리에도 응용되었다.

나이팅게일은 군의관이 퇴근한 밤에도 간호사 회진을 돌았다. 밤에 등불을 들고 회진하는 나이팅게일의 모습을 본 헨리 롱펠로는 「산타 필로메나」라는 시를 통해 '등불을 든 여인을 나는 보았네'라고 찬양했다. 시가 발표된 뒤 여러 화가가 여인의 모습을 상상해 그림을 그려서 나이팅게일의 이미지가 사람들의 머릿속에 더욱 강하게 각인되었다.

✚ 나이팅게일, 의료 발전에 크게 기여하다

전쟁터에서 활약하고 영국으로 돌아온 나이팅게일은 고국의 국민에게 많은 사랑을 받았다. 그 인기를 토대로 정치력을 발휘해 1860년에는 런던 성 토마스 병원에 간호학교를 설립했다. 또 『간호 노트』라는 간호 전문 서적도 편찬했다. 1858년 나이팅게일은 영국 왕립통계학회 최초의 여성 회원으로 선출된 명실상부한 통계학자이기도 했다. 나이팅게일 이후 환기, 보온, 주택 위생, 청결, 소음 관리 등 환경 개선이 주요한 간호 원칙으로 자리 잡게 되었다.

간호사 윤리와 간호 원칙을 담은 「나이팅게일 선서」는 1893년에 제정되었다. 선서식 때 간호학도들은 손에 촛불을 들고 하얀 가운을 착용한다. 촛불은 주변을 비추는 봉사와 희생정신을, 흰색 가운은 이웃을 따뜻하게 돌보는 간호 정신을 상징한다. 나이팅게일 선서의 내용은 다음과 같다.

> 나는 일생을 의롭게 살며, 전문 간호직에 최선을 다할 것을 하느님과 여러분 앞에 선서합니다. 나는 인간의 생명에 해로운 일은 어떤 상황에서도 하지 않겠습니다. 나는 간호의 수준을 높이기 위해 전력을 다하겠으며, 간호하면서 알게 된 개인이나 가족의 사정은 비밀로 하겠습니다. 나는 성심으로 보건 의료인과 협조하겠으며, 나의 간호를 받는 사람들의 안녕을 위해 헌신하겠습니다.

1920년에는 나이팅게일의 업적을 기리고자 국제 적십자사가 훌륭한 간호사에게 주는 '나이팅게일상'을 제정했다.

내가 런던과학박물관에 방문했을 때, 2층 의학 코너에 마련된 '헨리 웰컴의 유산' 중에 나이팅게일이 사망하기 직전까지 사용한 도장이 새겨진 반지를 보게 되었다. 반지에는 간호사의 등불과 '밝은 날이 올 것이네(Brighter Hours Will Come)'라는 글귀가 새겨져 있었다.

이 문구는 로버츠의 시집에 수록된 「밝은 날이 오리라」라는 시의 마지막 연에서 비롯된 것으로 여겨진다.

솔로몬 왕은 자신의 인장 반지에 잘될 때도 자만하지 않고 어려울 때도 실망하지 않도록 일깨워주는 '이 또한 지나가리라'라는 경구를 새겨놓았다고 한다. 마찬가지로 '밝은 날이 오리라'라는 시구는 나이팅게일에게 좋은 시기에는 겸손을, 어려운 시기에는 희망을 주었을 것이다. 나이팅게일에게 '밝은 날'은 무엇이었을까? 간호의 역할이나 의료의 개선을 위한 사회 개혁이었을까? 아니면 시인 로버츠가 겨울에 그토록 기다리던 봄이었을까?

4 프랑스-프로이센전쟁과 살균 소독법

현대 외과 수술의 아버지 리스터

몇 년 전 신종플루가 유행했을 때나 중동호흡기증후군(메르스)이 퍼졌을 때 손을 깨끗이 씻으라는 지침이 귀가 따갑도록 매스컴을 통해 전달되었다. 지극히 당연한 일로 보이지만 100여 년 전에는 외과 수술 현장에서조차 이것이 제대로 지켜지지 않았다. 피 묻은 수술복을 그대로 입은 채 다음 수술을 진행하는 것을 훌륭한 의사의 상징으로 여겼다.

수술 후에 생기는 감염은 풀리지 않는 숙제였다. '현대 외과 수술의 아버지'라고 불리는 리스터(Joseph Lister, 1827~1912)가 연구를 시작하기 전까지는 말이다. 그가 일하던 에든버러 병원에서는 수술 환자의 절반 정도가 감염으로 목숨을 잃었다. 의사들은 감염이 상처 내부에서 자연적으로 생기는 현상이라 어쩔 수 없다고 여겼다. 그러나 리스터는 감염이 외부에서 들어온다고 생각해 수술하기 전에 손을 깨끗이 씻고 소독한 수술복을 입기 시작했다.

1862년 파스퇴르(Louis Pasteur, 1822~1895)는 이른바 '백조목 플라스크 실험'을 진행했다. 이전까지 학자들은 미생물이 자연적으로 발생해 증식한다고 믿었다. 하지만 파스퇴르는 자연발생설이 옳지 않

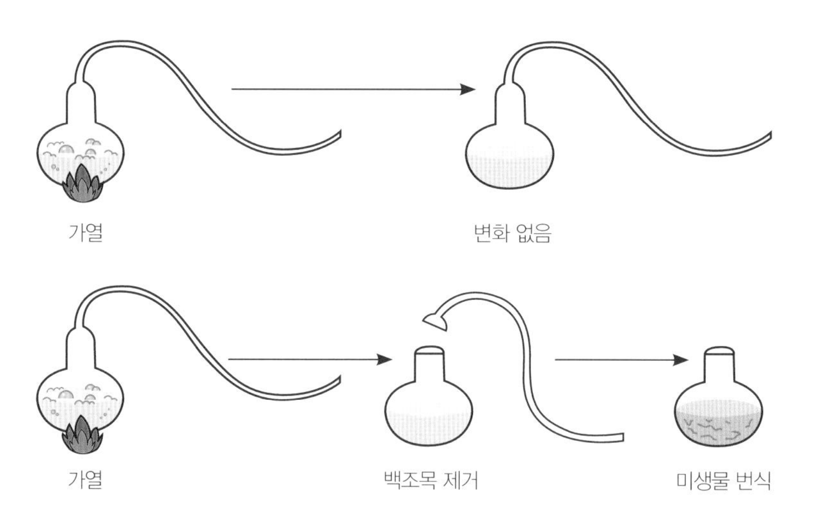

● 백조목 플라스크 실험
백조목을 그대로 두고 가열했을 때는 목 부분에 맺힌 수증기 때문에 외부의 공기와 고기 수프가 차단되어 미생물이 번식하지 않는다. 반대로 백조목을 제거했을 때는 공기 중의 미생물이 고기 수프와 만나 뿌옇게 번식한다.

다는 것을 좀 더 정교한 실험을 통해 증명했다.

플라스크에 고기 수프를 넣고, 플라스크의 목 부분을 가열해 길게 구부러진 백조의 목처럼 만들었다. 플라스크 안의 고기 수프를 끓여 살균했더니 1주가 지나고 2주가 지나도 미생물이 번식하지 않았다. 플라스크의 구부러진 목 부분에 고기 수프를 끓일 때 나오는 수증기가 맺혀 물이 고이고 이 물이 외부의 공기와 고기 수프를 차단했기 때문이다. 이번에는 플라스크의 백조목을 제거했더니 공기 중에 있던 미생물이 고기 수프와 만나 며칠 뒤에 뿌옇게 번식했다. 파스퇴르는 이 실험으로 생물은 저절로 생기는 것이 아니라, 반드시 어버이 생물로부터 발생한다는 사실을 증명해냈다.

리스터는 파스퇴르의 논문을 읽고 공기 중에 있는 세균이 상처로 들어가 감염된다는 사실을 알게 되었다. 그는 세균의 침입을 막아보고자 적절한 살균용 화학제품을 찾다가 당시 하수구에 살균제로 사용하던 석탄산(페놀)이 사람의 몸에 안전하다는 사실을 확인했다. 그래서 1865년부터 손과 수술용 도구와 붕대를 씻는 데 이것을 사용하기 시작했다. 그가 고안한 소독법은 수술하는 동안 석탄산을 공기 중에 분무해 세균을 소독하는 것이었

● 리스터의 석탄산 분무 소독기
리스터의 소독법에 따라 수술 후 석탄산을 분무하는 데 사용하기 위해 제작한 소독기이다.

다. 1년여 동안 이 방법을 사용해보고 마침내 수술 후 감염을 줄이는 데 성공적이라는 사실을 충분히 입증할 데이터를 얻었다. 그 결과는 1867년 『랜싯』지에 발표했다.

프랑스-프로이센전쟁에서 리스터의 살균 소독법이 인정받다

하지만 초기에는 살균 소독법이 지지를 얻지 못했다. 때마침 발발한 프랑스-프로이센전쟁(1870~1871)에서 몇몇 외과 의사가 리스터의 살균 소독법을 사용했다. 그러고는 이 살균 소독법으로 치료한 환자의 사망률이 사용하지 않은 환자의 사망률보다 훨씬 낮다는 사실을 확인했다. 전쟁이 끝난 뒤 이 정보가 널리 알려지자 유럽의 외과 의사들은 리스터의 방식을 배워서 확산시키기 시작했다.

반면 대다수의 영국 의사들은 리스터의 업적을 이해하지 못했다. 그러다가 1877년에 리스터가 런던 킹스 칼리지 병원의 외과 교수가 된 이후에 비로소 인정하기 시작했다. 1879년에는 살균 소독법이 전 세계적으로 인정받게 되었고, 그의 소독법 덕분에 19세기 말에는 수술 후 감염이 상당히 줄어들었다.

런던과학박물관 2층에 '헨리 웰컴의 유산'이라는 전시관에서 나는 리스터가 사용하던 현미경을 보았다. 그는 감염 초기 단계에서 혈관의 역할을 살피고, 피의 응고에 관한 메커니즘을 연구할 때 현미경을 사용했다고 한다.

학교, 기숙사, 병영 등 많은 사람이 모여 생활하는 곳에서는 소독의 중요성을 아무리 강조해도 지나치지 않다. 식사 전이나 용변 후에는 당연히 비누를 사용해 손을 깨끗이 씻어야 한다. 참고로 질병관리본부에서 2014년에 발행한 「의료 기관의 손 위생 지침」에 따르면, 손 위생이 필요한 상황은 다음과 같다.

1) 손에 혈액이나 체액 등 오염물이 묻은 경우, 그리고 화장실을 이용한 뒤에는 흐르는 물에 비누를 이용해 손을 씻는다.

2) 클로스트리듐 디피실리균 등 아포(芽胞: 식물이 무성 생식을 하기 위해 형성하는 생식 세포)를 형성하는 세균에 오염되었을 가능성이 있는 경우 알코올은 아포 제거가 어려우므로 비누와 물로 씻는다.

3) 눈에 보이는 오염물이 없다면 물 없이 사용하는 손 소독을 적용한다.

5 미국-스페인전쟁과 황열병

✙ 월터 리드 박사, 황열병의 원인을 밝혀내다

우리나라는 대통령이 주로 국립병원이나 유명 민간의료병원에서 진료를 받지만, 미국은 군병원에서 대통령의 치료를 전담한다. 1985년 레이건 대통령의 대장암 수술, 1997년 클린턴 대통령의 무릎 수술, 2014년 오바마 대통령의 역류성 식도염 치료도 모두 '월터 리드 육군병원'에서 받았다. 병원 입구에는 '미군의 전투력은 우리 병원에서 나온다'라는 캐치프레이즈가 걸려 있다. 이 저명한 병원은 리드(Walter Reed, 1851~1902) 소령을 기리고자 그의 이름을 붙인 것이다.

● 월터 리드 박사 기념우표
1940년 미국에서 월터 리드 박사의 의학적 업적을 기리며 발행한 기념우표다.

리드 소령은 의학적으로 특별한 업적을 남긴 군의관이었다.

우리에게는 조금 생소하지만 열대나 아열대 지방에서 유행하는 질병 가운데 '황열병'이라는 것이 있다. 아르보바이러스에 의해 전파되는 이 병은 출혈열 증후군의 일종으로 짧은 시간 동안 여러 증상을 보이는 급성전염병이다. 주요 증상은 고열, 구역, 구토, 두통, 근육통 등이다.

1648년 멕시코에서 처음 발병되었고, 17세기부터 19세기까지 카리브해안과 대서양해안을 따라 남아메리카와 아프리카로 넓게 퍼졌다. 18세기 초 발병 지역에서 모기가 많이 발견되어, 쿠바 아바나의 내과 의사 핀레이(Carlos Finlay, 1833~1915)는 피를 빨아먹는 곤충이 황열의 매개체 노릇을 했을 것이라 생각했다. 그래서 1881년 황열병은 모기가 전염시킨다는 논문을 발표했지만, 이를 충분히 증명하지는 못했다. 당시에는 질병이 나쁜 공기로 전파된다는 이론이 지배적이어서 그의 주장은 별다른 관심을 끌지 못했다.

1890년대에 들어서자 미국의 플로리다와 쿠바 사이에 교역이 늘어나면서 황열병이 쿠바에서 플로리다로 퍼지기 시작했다. 미국은 스페인의 식민지였던 쿠바를 자국에 합병해 쿠바의 보건 문제를 직접 관리해야 한다고 주장하며 1898년 스페인과 전쟁을 벌였다. 쿠바에 주둔하던 미군 가운데 전사자는 400명 이하였지만, 황열병으로 사망한 사람은 2,000명에 이르는 바람에 특단의 조치가 필요했다. 1900년 미국은 외과 의사 리드 박사를 책임자로 한 황열병 연구팀을 구성해 쿠바로 파견했다.

쿠바에 도착한 연구팀은 먼저 아바나의 핀레이를 찾아갔다. 모기가 황열을 전파했을 것이라는 핀레이의 설명을 듣고는 그가 준 모기 알을 가지고 돌아왔다. 핀레이가 미처 증명하지 못한 가설을 검증하기 위해 그에게 자문을 받으며 100번 이상 실험을 거듭했다. 연구팀의 모기 연구가인 라지어와 세균학자 캐럴은 인체 실험에 지원했고, 이 때문에 라지어는 목숨을 잃기까지 했다. 마침내 리드는 이집트숲모기(aedes aegypri)가 황열의 매개체라는 사실을 증명한 뒤 이 내용이 담긴 보고서를 제출했다. 이 모기는 거주지 주변의 물웅덩이나 고인 물에서 번식하고 있었다.

리드의 연구 덕분에 모기가 없는 곳으로 환자를 격리시키고 질병에 대처할 방법을 강구하게 되었다. 미국은 1901년부터 쿠바에서 모

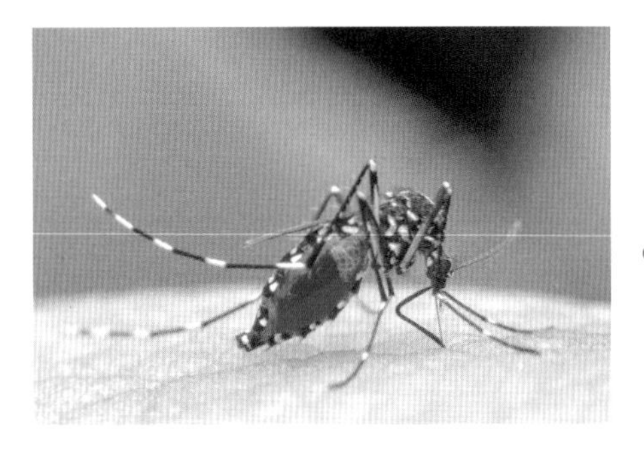

● 이집트숲모기
월터 리드 박사는 이집트숲모기가 황열병의 주범이라는 사실을 실험을 통해 증명했다. 이를 통해 황열 예방 조치를 취할 수 있게 되었다.

기 박멸 사업을 벌여 황열을 예방하기 시작했다. 또한 리드는 황열병의 원인이 아르보바이러스라는 사실을 밝히고 이것이 세균과는 다르다는 점도 발표했다. 이를 토대로 오늘날에는 황열 예방접종이 널리 보급되어 우리나라에서도 남미로 여행하는 사람에게는 필수 사항이 되었다.

✚ 전염병의 주범인 모기

모기가 전파하는 또 다른 질병으로는 일본뇌염, 말라리아, 뎅기열, 지카바이러스 등이 있다. 일본뇌염은 일본뇌염 바이러스에 감염된 작은빨간집모기에 물리면 감염된다. 만 12세 이하 어린이는 보건소 및 전국 7,000여 지정 의료 기관에서 무료로 예방주사를 접종할 수 있다. 말라리아의 경우는 모기에 물려 말라리아 원충이 몸에 들어가

● 월터 리드 육군병원
월터 리드 소령을 기리기 위해 그의 이름을 붙인 육군병원이다. 미국의 대통령은 이 병원에서 진료를 받는다.

면 감염된다. 동남아시아나 남미 지역 등 위험 국가를 여행할 때, 일주일에 한 번씩 먹는 약을 출국 1~2주 전부터 시작해 귀국 4주 뒤까지 먹어야 한다. 매일 먹는 약은 출발 하루 전부터 귀국 후 일주일까지 먹으면 된다.

뎅기열은 남미와 아프리카 대륙의 열대 지방과 아열대 지방을 넘어 동남아 지역까지 퍼지고 있다. 지카바이러스는 아직 예방 백신이 따로 없다. 모기에 물린 뒤 약 2~14일 뒤 갑작스러운 발열이나 발진, 근육통, 결막염, 두통 등이 나타난다면 감염을 의심해야 한다. 임산부가 감염될 경우 소두증 아이를 출산할 수도 있다. 질병관리본부 홈페이지에서 여행 예정 국가의 감염병과 유행 질환 정보를 제공하고 있으니 여행 전에 참고하면 좋다.

육군대학 교수로 돌아간 리드는 안타깝게도 1902년 충수돌기염(맹장염) 수술 후 합병증으로 사망했다. 1909년 미 육군은 리드의 업적을 기리기 위해 워싱턴 D. C.에 육군 의료원을 건립했고, 탄생 100주년을 맞은 1951년에는 '월터 리드 육군병원'으로 이름을 바꿨다. 이 병원은 지난 100여 년간 미군의 치료와 재활에 큰 역할을 해왔다. 제1·2차 세계대전, 한국전쟁, 베트남전쟁, 이라크전쟁, 아프가니스탄전쟁에서 다친 미군을 진료해 명성을 떨쳤다.

6 전쟁터에서 쇼크사를 막기 위한 노력

제1차 세계대전에서 '토마스 덧대'가 빛을 발하다

가족이나 친구를 병문안하러 정형외과 병실에 가면 넓적다리에 외상을 입은 환자들이 석고붕대(Gibbs)를 하고 누워 있는 모습을 볼 수 있다. 석고붕대 대신 양쪽에 쇠로 만든 봉으로 받치는 덧대에 다리를 올려놓고 발목 부분은 붕대로 감은 채 추를 감아 당기는 기구를 장착한 것도 흔히 볼 수 있다. 이런 기구는 전쟁 기록 사진이나 전쟁 영화에서 다리에 총을 맞은 환자를 후송하는 장면에도 나온다. 이것이 바로 정형외과 의사 토마스(Hugh Owen Thomas, 1834~1891)가 처음으로 고안한 '토마스 덧대(Thomas splint)'다.

웨일스에서 태어나 리버풀에서 활동한 토마스는 당시 골절 환자와 뼈 결핵 환자를 주로 진료했다. 다치거나 감염된 부위가 오랫동안 움직이지 않고 안정되어야만 빠른 치유가 이루어질 수 있다고 믿었다. 그래서 넙다리뼈 골절 환자에게 자신이 고안한 덧대를 적용했는데, 이것을 1876년에 저술한 책에 직접 그림을 그려서 상세히 설명했다. 하지만 이 발명품은 토마스가 살아생전에는 별로 주목받지 못했다.

토마스가 책을 출간한 지 38년 만에, 그리고 세상을 떠난 지 23년 만에 제1차 세계대전(1914~1918)이 발발했다. 스코틀랜드 출신 군의관 헨리 그레이(Henry Gray, 1870~1938)는 '토마스 덧대'를 처음으로 전상자에게 적용했다. 1917년 4월에서 5월에 걸쳐 프랑스의 서부 전선인 아라스에서 벌어진 전투에서는 넙다리뼈 골절을 입은 거의 모든 전상자에게 토마스 덧대를 사용했다.

토마스 덧대로 골절된 넙다리뼈를 안전하게 고정시킨 덕분에 출혈이 줄어 전상자를 덜 고통스러운 상태로 야전병원으로 옮길 수 있었다. 1,009명의 넙다리뼈 골절 환자 가운데 야전병원에 도착할 당시 출혈성 쇼크에 빠진 사람은 단 5%에 지나지 않았다. 수술이나 합병증으로 사망한 사람도 15.9%밖에 되지 않았다. 이전까지 보고된 넙다리 총상 환자의 사망률은 무려 80%였다. 여전히 외과 의사들은 넙다리뼈 총상 환자가 생명을 구하려면 다리를 절단해야 한다고 주

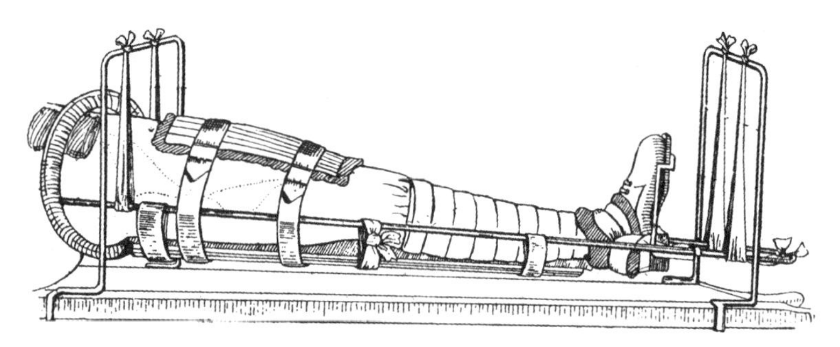

● 그레이의 책에 그려진 토마스 덧대
다리의 안쪽과 바깥쪽에 다리를 고정시키는 봉이 있고 신발에 발을 넣은 채 당겨서 부상 부위가 편안하도록 설계해놓았다.

장하던 때였다. 그레이는 이러한 결과를 1919년 자신의 책에서 발표했다.

넙다리뼈 골절은 총상뿐만 아니라 높은 곳에서 떨어지거나 자동차에 앉아 있다가 추돌하는 경우에도 흔히 발생한다. 뼈가 부러지면 이를 감싸고 있던 근육들이 당기므로 환자는 골절 부위에 심한 통증을 느끼고 다리가 짧아지는 등 변형도 생긴다. 갑자기 심하게 부어오를 때는 부러진 뼛조각 탓에 혈관이나 신경 등이 손상을 입고, 내부 출혈이 일어나 외부로 보이는 출혈이 없어도 몸을 순환하는 혈액량이 줄어드는 경우가 많다. 따라서 합병증으로 출혈성 쇼크, 지방색전증* 등이 발생할 수 있다. 또한 골반, 엉덩관절, 무릎관절 손상 등이 동반되기도 한다.

여러분도 등산을 하거나 야외 활동을 하다가 넙다리뼈 골절이 의심되면 '토마스 덧대'를 이용해 환자를 안전한 곳으로 옮기는 것이 중요하다. '토마스 덧대'는 비교적 쉽게 만들 수 있으므로 학교에서 양호교사가 학생들에게 만들고 사용하는 법을 알려주면 유사시 크게 도움이 된다. 유튜브에 'Thomas splint'를 치면 '토마스 덧대'를 만드는 방법을 보여주는 10분짜리 짧은 동영상도 쉽게 찾을 수 있다.

* 지방 색전증

외상·골절·지방흡인술 등의 수술로 골수 또는 피부 아래의 지방조직이 파괴되어 정맥에 들어가서 폐나 뇌 등 장기의 혈관을 막는 현상을 말한다.

피를 공급해야 죽음을 막는다

전투에서 다친다고 무조건 죽는 것은 아니다. 부상을 당한 뒤에 사망을 일으키는 가장 큰 원인은 출혈과 이에 따른 쇼크다. 살과 피로 이루어진 인체에서 피의 중요성은 아무리 강조해도 지나치지 않다. 전장에서 과다 출혈로 목숨을 잃는 불행한 사태는 수혈을 통해 한결 개선되었다.

1628년 하비(William Harvey, 1578~1657)가 혈액이 우리 몸속에서 혈관을 따라 순환한다는 사실을 처음 밝힘으로써 의학자들이 수혈에 관심을 두기 시작했다. 처음에는 동물의 피로 수혈을 연구했다. 1665년 영국 의사 로워(Richard Lower, 1631~1691)는 어떤 개의 동맥과 다른 개의 정맥을 연결한 뒤 혈액을 주입하는 최초의 수혈 실험을 했다. 이 연구 결과를 바탕으로 프랑스의 드니(Jean Baptiste Denis, 1643~1704)는 1667년 양의 피를 사람에게 수혈했는데 결국 그 사람은 사망하고 말았다. 당시 수혈 장치의 고장으로 수혈받는 환자가 사망하는 사례가 계속 나오자 파리시 의사회는 아예 150년간 수혈 실험 금지령을 내렸다.

1818년 영국의 산부인과 의사 브룬델(James Blundell, 1790~1877)이 분만 후 출혈하는 산모에게 그의 조수로부터 8온스의 혈액을 수혈한 것이 첫 성공 사례다. 하지만 적혈구가 파괴되고 혈압이 떨어지고 열이 나는 등 부작용이 꽤 발생한다는 사실을 알게 되었다.

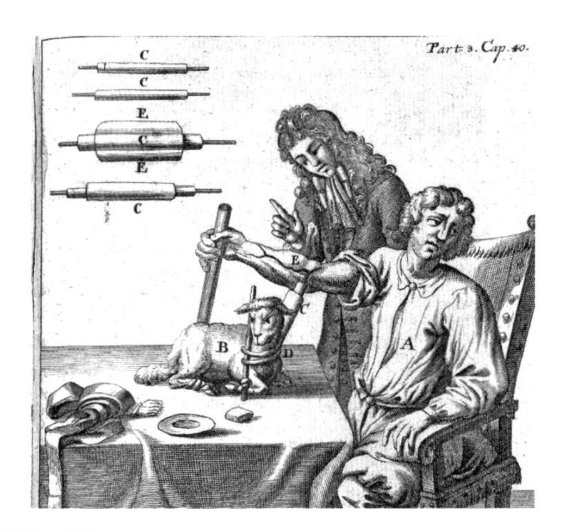

● 양의 피를 수혈받는 사람
프랑스에서는 17세기에 양의 피를 직접 사람에게 수혈했다. 하지만 사망자가 속출하자 파리시 의사회는 150년간 수혈 실험 금지령을 내렸다.

수혈에 실패하는 가장 중요한 요인은 혈액의 응집이다. 이를 밝혀 낸 사람은 오스트리아의 병리학자인 란트슈타이너(Karl Landsteiner, 1868~1943)다. 그는 똑같은 피를 가진 사람은 하나도 없다는 사실을 알아냈다. 다른 사람의 혈액을 섞었을 때 적혈구가 엉키는 것을 관찰한 그는 이 응고에 어떤 법칙이 있을 것이라고 생각했다. 1900년 란트슈타이너는 사람의 혈액형이 몇 가지 종류로 나뉜다는 가설을 바탕으로 서로 다른 세 가지의 동종응집소(응집 반응에 관여하는 항체)가 존재한다는 사실을 규명했다. 그러고는 마침내 사람의 혈액을 A형, B형, C형(O형)으로 분류했다. 이 업적으로 그는 1930년 노벨 의학상을 받았다.

AB형은 1902년 그의 제자인 드카스텔로와 스털리가 발견해 지금과 같은 수혈 개념이 자리 잡혔다. 1907년 오텐버그(Reuben Ottenberg, 1882~1959)는 수혈 적합 검사(교차 시험)를 최초로 시행했다. 그 결과 현재 우리는 네 가지 혈액형을 구분해서 사용하게 된것이다.

당시 수혈의 핵심은 응고를 막는 것이었다. 피는 몸 밖으로 나오면 즉시 응고되기 때문에, 항응고제를 찾으려 많은 노력을 기울였다. 처음에는 중탄산나트륨이나 인산나트륨 등으로 섬유소원을 제거했지만 만족스러운 결과를 얻지 못했다.

1914년 구연산나트륨의 항응고 작용을 알게 되었으나, 다량을 섞어야 했으므로 혈액이 희석될 수밖에 없었다. 1916년 로우스와 툼은 소금, 동위 구연산염 및 포도당을 섞어 항응고 보존제를 만들었고, 이것이 제1차 세계대전 때 수혈에 사용되어 수많은 전상자를 구할 수 있었다.

1940년 레서스 인자, 즉 Rh 혈액형이 밝혀지면서 수혈의 안전성이 한층 강화되었다. 1939년에는 미국에서 분말 혈장이 생산되며 혈장에 포함된 알부민 제제, 글로불린 제제, 혈액 응고 제제 등의 단백질을 변질 없이 분리해서 추출하는 혈장 분획이 보편화되었다. 1943년에 루티트와 몰리슨은 구연산, 구연산나트륨 및 덱스트로오스를 혼합해 혈액 희석 효과를 줄인 ACD(Acid·Citrate·Dextrose)를 만들어 혈액을 응고되지 않은 상태로 21일 동안이나 보존할 수 있게 되었다. 1957년에는 CPD(Citrate·Phosphate·Dextrose)가 개발되었고 최근에는 여기에 아데닌(Adenine)을 첨가한 CPDA·1을 항응고 보존제로 사용해 적혈구를 35일간 보관할 수 있게 되었다.

우리가 전장에서 안심하고 수혈을 해 부상자의 생명을 구할 수 있게 된 것은 이처럼 여러 의학자가 피와 땀을 흘린 노력의 결과다. 한편 사람의 생명을 살리는 수혈은 우리에게 헌혈의 소중함을 다시금 깨닫게 한다.

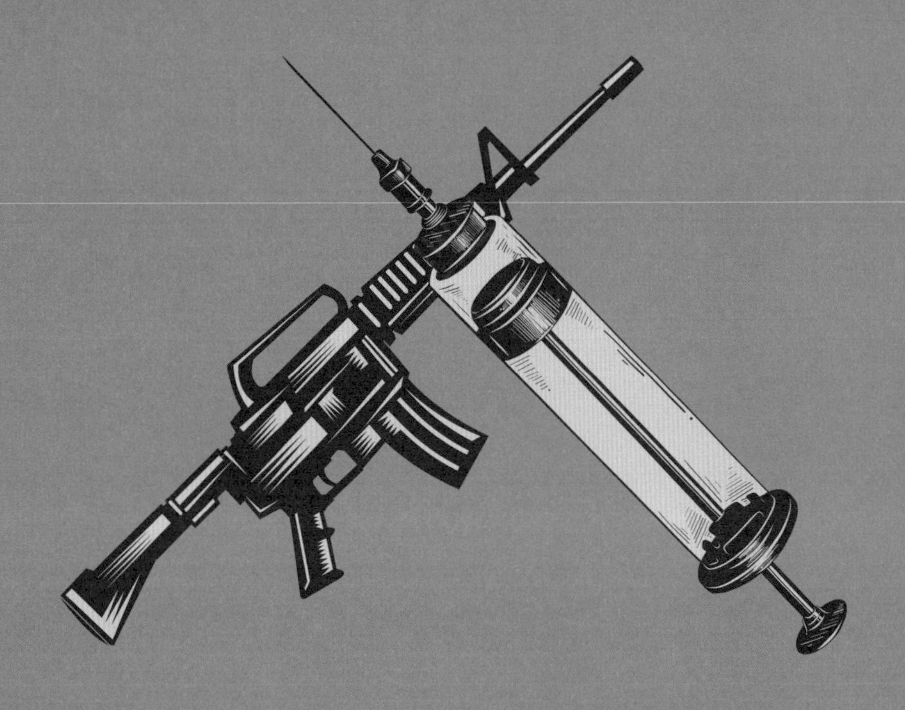

제3부

제1·2차 세계대전
: 의술이 한층 정교해지다

1 제1·2차 세계대전과 성형 수술

전쟁이 꽃피운 성형외과학

늦가을의 낭만은 바바리코트에 있다고 한다. 코트에서 담담한 듯 차갑고 낭만적이면서도 이지적인 분위기가 물씬 풍기기 때문이다. 바바리코트의 시초는 런던의 버버리(Burberry) 부자에 의해 개발된 트렌치코트다. 능직(綾織)의 질긴 천으로 만들어 방수 효과가 좋고 실용적인 면이 두드러지며 군인을 연상시키기도 한다. 그중에서도 장교들을 떠올리게 만드는 것은 〈애수〉나 〈카사블랑카〉를 비롯한 많은 영화에서 주연 배우들이 체형에 잘 맞는 트렌치코트를 입고 장교

● 영화 〈애수〉의 한 장면
주인공인 영국군 장교 로이 크로닌(로버트 테일 분)이 트렌치코트를 입고 있다.

연기를 했기 때문이다.

사실 '트렌치(trench)'는 '참호'를 뜻하는 단어다. 트렌치코트는 제1차 세계대전 때 영국군이 참호에서 비를 피하려고 입었던 야전복을 가리킨다.

제1차 세계대전은 끝없는 소모전이었다. 기관총이 처음으로 등장해 살상력이 커지자 참호를 파고 대치하는 참호전(trench war)이 대두했다. 당시 후방에서는 이를 두고 '안락한 참호'라고 불렀으나, 참호 속에는 전사자의 시체와 이것을 파먹는 쥐, 이에 따른 전염병과 참호족(trench foot: 썩어들어가는 다리)이 빈발했다. 땅속에 구멍을 판

참호가 살아 있는 사람이 살기에 적합할 리 없었다. 당시 전투에 참가한 6,000만 명 가운데 10%가 넘는 700만 명이 전사했고, 1,900만 명이 부상을 입었으며, 50만 명이 절단술을 받았다는 기록이 남아 있다.

참호전의 특성상 군인들은 머리만 내놓은 채 진지를 방어했으므로, 얼굴과 머리에 외상을 입기 십상이었다. 지뢰가 많이 매설돼 다리에 손상을 입는 경우도 많았다. 조기 수술과 외과 기술의 발달로 목숨을 구하는 군인이 많아지면서 재활과 의족 등이 필요했다.

* **쿠싱증후군**
필요 이상으로 많은 양의 당류코르티코이드라는 호르몬에 노출될 때 생기는 질환을 가리킨다.

머리 외상 치료에 크게 공헌한 사람은 미국의 외과 의사 쿠싱(Harvey Cushing, 1869~1939)이다. 그는 쿠싱증후군*을 처음 기술한 의사로서 제1차 세계대전이 한창이던 1917년, 4개월간 133명의 경막 관통 총상 환자를 포함한 219명의 부상병을 수술한 기록을 남겨 의학 발전에 이바지했다. 현재까지도 시행되는 음압을 이용한 죽은 조직 절제술과 방수 봉합, 넓은 근막 이용 경막 복구술 등을 개발하고 시행했으며, 자세한 의무 기록을 남겨 머리 손상의 치료를 체계화했다. 이 같은 치료 방법으로 머리 외상 환자 사망률을 29%대로 획기적으로 낮췄다.

제1차 세계대전에서 얼굴 외상의 치료 기술을 크게 발전시킨 의사는 오늘날 '성형외과학의 아버지'로 자리매김한 길리스(Harold

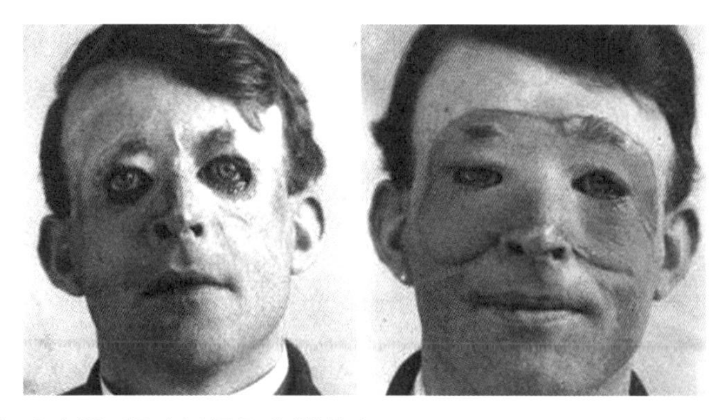

● 길리스가 피판을 사용하여 얼굴을 재건한 환자
제1차 세계대전 당시 유틀란트해전에서 영국의 해병 월터 여(Walter Yeo)는 얼굴에 큰 부상을 입었고, 길리스는 근대 성형외과 최초의 피판술(flap operation)을 시행했다. 왼쪽이 성형 전, 오른쪽이 성형 후의 모습이다.

Gillies, 1882~1960)다. 길리스는 뉴질랜드에서 태어나 영국에서 의과대학을 졸업한 이비인후과 의사다. 프랑스에서 복무하던 중 치과의사 발라디에를 만나 뼈 이식을 비롯한 턱 손상 치료의 기본을 익혔다. 영국에 돌아와서 1917년부터 1925년까지 5,000명 이상의 얼굴 손상 환자를 1만 1,000건 이상 수술하면서 재건성형외과 수술 방법을 개발했다. 그는 환자들에 대한 자세한 병상 기록과 함께, 화가 통크스와 린지에게 환자 상태에 대한 그림 자료를 남기게 함으로써 의학 발전에 크게 기여했다.

머리 얼굴 외상에 대한 치료 경험은 머리 얼굴 외과학 발전의 토대가 되었고, 입술갈림증 등의 머리 얼굴 선천기형에도 적용돼 큰 발전을 가능하게 했다.

'망가진 얼굴(broken faces)'의 치료는 본의 아니게 얼굴에 대한 집중적인 수술 경험을 축적하게 했고 이에 따라 미용 수술이 발전했다. 외과는 전쟁에서 다친 이들을 살리고 빠르게 회복시키는 것뿐만 아니라, 전쟁 후에 이들을 사회로 복귀시키기 위한 재활 영역까지 담당하고 있다. 오늘날 시행되는 얼굴 미용 수술의 기본 원칙은 대부분 제1·2차 세계대전 동안 개발된 것이다.

역설적으로 말하면 성형외과학은 전쟁이 꽃피운 결과다. 세간의 선입견과는 달리 성형수술은 '아름다움'을 추구하기 이전에 '인간다움'을 이루려는 데 그 목적이 있다.

부상의 종류가 다양해지면서 외상 치료가 발전하다

제1차 세계대전과 비교해 제2차 세계대전 때는 부상의 종류가 다양해졌다. 무기 성능이 좋아지고 폭약의 폭발력이 향상되면서 그만큼 극심한 신체 손상을 입었다. 하지만 그로 말미암아 재건 수술이 발달했는데, 특히 손 외상과 화상 치료의 발전은 괄목할 만하다.

제2차 세계대전 이전까지 손은 정형외과, 성형외과, 신경외과 등 여러 과에서 진료했고, 손만 전문적으로 진료하는 체계는 아직 자리 잡지 못했다.

미군 의무감(U.S. Surgeon General) 커크(Norman Kirk, 1888~1960)

는 제2차 세계대전 말인 1944년 미국의 군병원을 시찰했다. 그러던 중 전쟁에서 손을 다친 병사의 치료와 재활이 체계적으로 이루어지지 못하고 있다는 것을 목격하고 '손 외과(Hand surgery)'가 전문 과목으로 필요하다고 생각했다. 우리 몸 하나하나 모두 소중하지만, 손처럼 요긴한 부위를 사용하지 못하는 것을 특별히 안타까워했던 것이다. 그는 자신의 친구이자 『손 외과』라는 교과서를 집필한 번넬(Sterling Bunnell, 1882~1957)을 초빙해 미군 손 센터(U.S. Army Hand Centers)를 창설했다.

번넬은 미군 손 센터 열 곳을 지휘하며 젊은 손 외과 전문의를 양

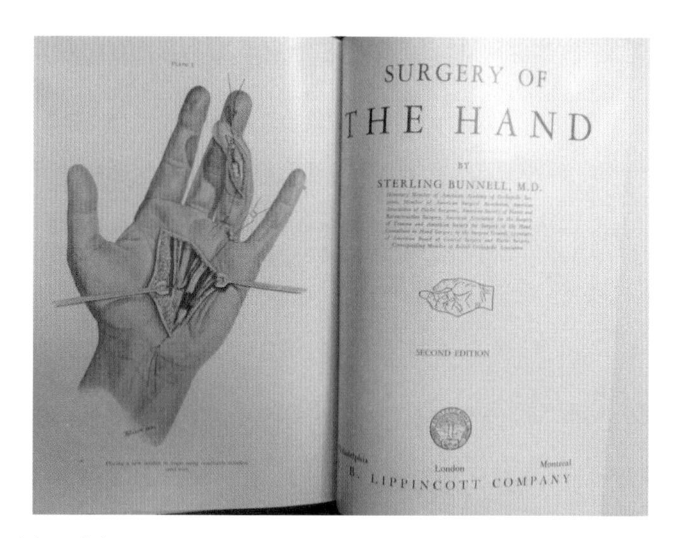

● 『손 외과』 교과서
손 외과 수술의 선구자인 번넬이 집필한 『손 외과』 교과서다. 그는 다양한 손 외과 수술 방법을 개발했고 일부는 지금까지도 사용되고 있다.

성했고, 지금까지도 사용되고 있는 손 외과 수술 방법(힘줄전이술, 신경봉합술, 관절고정술, 뼈자름술 등)을 개발했다. 브라운이 K강선을 이용해 시행한 고정술은 현재도 널리 사용되고 있는 유용한 방법이다.

의사라면 누구나 산부인과 의사가 아니더라도 '매킨도 수술(McIndoe operation)'을 알고 있다. 1938년 매킨도(Archibald McIndoe, 1900~1960)가 발표한, '선천성 질 없음증' 환자에게 피부 이식으로 질을 만들어주는 수술이다. 매킨도는 화상 치료의 선구자였다.

제2차 세계대전 때 공군의 대량 공습이 처음 실시되었다. 이 때문에 비행기가 추락하면서 불길에 휩싸여 화상을 입는 조종사와 민간인이 많았다. 매킨도는 뉴질랜드에서 태어나 의과대학을 졸업한 뒤 30세에 영국으로 건너갔다. 거기서 직장을 찾다가 사촌인 길리스(앞서 나온 '성형외과학의 아버지'라 불린 인물)가 개업한 의원에서 의사로 일했다. 제2차 세계대전이 발발하자 영국군으로 복무하면서 새로 지어진 퀸 빅토리아 병원에서 화상 환자와 눈꺼풀을 소실한 환자 등을 치료했다.

당시에는 중증 화상 환자의 치료에 타닌산이 표준 치료제로 사용되었다. 타닌산으로 치료한 화상 부위는 건조해지면서 죽은 피부가 제거되었는데, 항생제가 발달하기 전에는 이 방법으로 감염을 줄이고 사망률을 낮출 수 있었다. 하지만 타닌산을 바르면 환자는 매우 심한 통증을 호소했다. 또한 화상은 나았지만 심한 흉터가 남았다.

더 나은 치료법을 찾던 매킨도는 바다로 추락한 조종사가 다른 이

● 화상 치료의 선구자 매킨도
현대 화상 치료의 선구자로 꼽히는 매킨도는 화상 환자의 고통을 줄여주는 치료법을 개발했다. 그에게서 환자 개인의 인간됨을 존중하는 휴머니즘을 느낄 수 있다. 사진은 영국 색빌대학에 전시된 매킨도 동상이다.

들보다 흉터가 적다는 사실에 주목했다. 여기서 화상 환자를 식염수로 목욕시키는 방식을 개발했다. 이 방식은 타닌산을 이용하는 것보다 환자의 고통을 훨씬 줄여줄 뿐만 아니라 안전했으며, 치료 기간도 단축되고 생존율도 높았다. 매킨도는 피부 이식을 적용해 넓은 부위의 화상을 치료했고, 구축된 관절의 재활을 강조하는 등 현대 화상 치료의 기반을 마련했다.

매킨도는 열일곱 편의 논문을 썼는데, 그중 두 편은 길리스와 공동으로 저술했다. 그가 1946년 발표한「손상과 관련한 외과의 책임」을 보면 환자의 재활 치료에 얼마나 선구적인 안목을 가졌는지 알 수 있다. 이 논문에 실린 가장 감동적인 구절을 소개해보겠다.

> 가장 중요한 사람은 처음에도, 마지막에도, 언제나 환자라는 것을 명심해야 한다.

딱딱한 논문에서도 환자를 향한 따뜻한 마음이 느껴진다.

2 제1·2차 세계대전과 독가스

✚ 기아를 해결한 '영웅'에서 독가스를 만든 '전범'으로

신병 교육대를 가면 화생방 훈련을 받는다. 그중 가스실 체험은 가장 힘들지만 평생 잊지 못할 추억으로 남는다. 최루가스가 가득한 콘크리트 임시 건물에서 방독면을 벗는 순간 느끼는 죽음과 같은 공포는 훈련을 받아보지 못한 사람은 결코 상상도 하지 못할 것이다. 하지만 실제 전장에서 사용되는 신경작용제의 고통에 비하면 최루가스로 눈물과 콧물을 쏟는 괴로움은 그리 대단한 것도 아니다.

유대계 독일인 하버(Fritz Haber, 1868~1934)는 1904년 질소를 이

용해 암모니아를 합성하는 방법을 찾아냈다($N_2+3H_2 \leftrightarrow 2NH_3$). 5년 뒤 보슈(Carl Bosch, 1874~1940)가 이 반응의 촉매제(철과 특정 화합물)를 찾아 이 화합물의 대량생산을 가능하게 만들었다.

식물은 공기 중의 이산화탄소로부터 탄소와 산소를 얻고, 뿌리를 통해 흡수한 물에서 수소를 얻어 광합성을 해 탄수화물을 만든다. 단백질, 핵산, 인지질 등을 만들려면 탄소, 수소, 산소 말고도 질소와 인이 필요하다. 식물이 이용할 수 있는 이산화탄소와 물은 풍부하지만, 질소와 인은 부족하므로 외부에서 비료의 형태로 공급해줘야 생산량을 늘릴 수 있다. 인 성분은 인산염을 많이 포함한 암석을 산으로 처리해 비료로 사용할 수 있다. 질소 성분은 퇴비나 동물의 분뇨 등을 통해 얻어왔지만 그 양이 턱없이 부족했다. 그러나 이 하버-보슈법으로 질소 비료가 만들어지자 식량 생산이 급격히 늘어나게 되었다. 이를 통해 인류가 기아에서 벗어났으니 두 사람의 연구가 수많은 사람의 목숨을 구한 셈이다.

하지만 아이러니하게도 이들이 발견한 화합물은 폭탄의 원료가 되어 무기를 대량생산하는 데도 일조했다. 하버는 제1차 세계대전이 시작되자 국방부의 화학부장으로 임명되었다. 하버가 맡은 일은 참호전에서 사용할 염소가스와 같은 치명적인 독가스를 개발하는 것이었다. 그는 독가스의 농도와 흡입 시간의 곱이 일정하다는 규칙(하버 법칙: $C \times t = k$, C: 가스 농도(mass/volume), t: 가스 노출 시간, k: 상수)을 발견했다. 즉, 농도가 높으면 잠깐 흡입해도 독성이 나타나지만,

● 하버와 염소가스
하버가 군 지휘관에게 자신이 개발한 염소가스에 대해 설명하고 있다. 왼쪽에서 두 번째 서 있는 손가락으로 가스통을 가리키는 사람이 하버다.

농도가 낮으면 오랫동안 흡입해야 독성이 나타난다는 사실을 규명한 것이다.

하버는 "평화로운 시기에 과학자들은 세계에 속한다. 하지만 전쟁 중에 그들은 그의 조국에 속한다"라고 말하며, 프랑스의 화학자 그리냐르(Victor Grignard, 1871~1935)가 개발하던 겨자가스보다 더 치명적인 독가스를 개발하기 위해 백방으로 노력했다. '어떤 방식으로 이루어지든 죽음은 죽음일 뿐'이므로 과학자가 전쟁 중에 조국을 위해 살상 무기를 연구하는 것은 당연하고, 그것이 화약에 관한 연구건 독가스에 관한 연구건 아무런 차이가 없다며 자신의 독가스 연구를 정당화했다.

하버에게는 1901년에 결혼한 아내 클라라 하버(Clara Haber, 1870~1915)가 있었다. 1915년 남편이 독가스를 만들어 전쟁에 사용하겠다는 말에 그녀는 이런 일은 '과학 이상(理想)의 타락'이자 '삶에 새로운 통찰을 제공하는 학문을 오염시키는 야만의 상징'이라며 남편을 극구 만류했다. 그런데도 하버는 1915년 벨기에에서 자신이 개발한 염소가스를 연합군을 공격하는 데 사용해 수천 명의 희생자가 발생했다.

이 작전 직후 귀가했을 때 그의 아내는 남편의 행위를 비난했다. 그리고 10일 뒤 하버가 러시아군을 독가스로 공격하러 떠나는 날 아침, 아내는 자신의 심장에 대고 남편 권총의 방아쇠를 당겼다. 비정

● 클라라 하버
하버의 첫 번째 부인이다. 독가스를 전쟁에 사용하는 남편을 비난하며 권총으로 자살했다. 그녀는 브레슬라우대학에서 화학 박사 학위를 받은 최초의 여성이자, 여성 운동과 평화 운동에 힘쓴 활동가였다.

한 하버는 죽어가는 아내를 아들에게 맡기고는 아무 일도 없었다는 듯이 전장으로 발걸음을 옮겼다.

하버는 공로를 인정받아 1918년 노벨 화학상을 받았다. 그러나 제1차 세계대전이 끝나고 1933년 유대인을 박해하는 히틀러가 정권을 차지하자 상황이 180도로 바뀌었다. 그는 독일을 위해 평생 일했지만, 단지 유대인이라는 이유 하나로 빌헬름 카이저 연구소의 교수직을 사임해야 했다. 1934년 하버는 이스라엘 과학 연구소로 가던 중 스위스의 어느 호텔에서 65세를 일기로 심장마비로 사망했다.

1968년, 카를스루에대학은 하버 탄생 100주년을 맞아 기념식을 열었다. 학생들은 '살인자를 위한 행사, 하버는 가스전의 아버지다!'라고 적은 피켓을 들고 항의했다. 과학자의 사회적 책임과 연구 윤리 문제를 논할 때 하버는 지금도 사람들의 입에 오르내리는 대표적인 사례로 꼽히고 있다.

✣ 독가스로 백혈병 치료제와 항암제를 개발하다

한때는 불치병으로 알려졌던 백혈병과 악성 림프종은 여러 치료 방법이 개발되면서 이제는 치명적인 병으로 여겨지지 않는다. 이 병을 앓는 환자들의 5년 생존율이 부쩍 높아져 19세 미만 환자에게서 급성골수구성백혈병은 66%, 급성림프백혈병은 90%의 5년 생존율을 보인다.

이 병 치료에는 항암제, 골수 이식, 방사선 등이 쓰인다. 그중 항암제의 역사는 유난히 눈길을 끈다. 항암제는 현대적인 약물 치료법의 시작으로 보는 인슐린(1921)이나 페니실린(1942)이 등장하던 무렵 우연한 기회에 개발되기 시작했다.

제1차 세계대전 때 사용된 독가스 중 황산 머스타드는 겨자 냄새가 나서 일명 '겨자가스'라고 불렸다. 이 가스에 노출되면 즉각적인 증상은 없지만 점점 피부에 화학적 화상을 일으켜 물집이 생기기 때문에 넓은 범위가 노출된 환자는 사망하기 마련이었다. 눈에 보이지 않는 가스가 인체에 치명적으로 작용하는 것을 목격한 사람들은 가스에 대한 공포심을 느꼈다. 그래서 1918년 제1차 세계대전이 끝나고, 독가스 사용을 막기 위해 1925년 제네바 의정서가 체결되었다. 그러나 화학무기의 개발과 보유, 이동 자체는 제한하지 않았다. 즉, 사용하지만 않는다면 화학무기를 만들어 쌓아두어도 문제될 것이 없었다.

제2차 세계대전이 발발하자 다시 독가스의 대량 학살 가능성이 대두했다. 미국은 독가스에 대비해 해독제를 개발하기 시작했고, 연구 도중 피부로 흡수된 겨자가스 성분이 골수와 림프조직까지 손상시키는 것을 발견했다. 이를 이용해 골수와 림프조직의 암을 치료하려고 시도해보았다. 동물 실험을 거친 뒤 1942년 환자들에게 임상시험을 했으나, 부작용 때문에 '약이라기보다는 독'이라는 결론을 내리고 연구를 중단했다. 하지만 이것이 최초의 화학요법인 항암제 머스틴이었다. 실패한 암 관련 연구는 철저히 비밀에 부쳐졌고, 원료 물질인 니트로겐머스터드는 'HN2'라는 암호명을 붙여 비밀 군수물자로 보관되었다. 하지만 비밀이 스스로 진실을 밝히려는 듯 이상한 사건이 발생했다.

1943년 독일 전투기가 연합군의 보급로를 차단하려고 이탈리아 나폴리 인근의 바리(Bari) 항의 수송선들과 항만 시설을 공습했다. 이때 비밀리에 니트로겐머스터드를 실은 미국 배가 피격되어 100톤 가량이 바다로 흘러내렸다. 승선 중이던 병사들이 가스에 노출되었고 며칠 후 이들에게서 피가 멎지 않고 면역 능력이 저하되는 예상치 못한 증상이 나타났다. 이 가스가 사나흘 뒤부터 병사들의 백혈구 수를 급격히 감소시켰던 것이다.

군의관 알렉산더 대령이 이 사실을 상부에 보고했다. 당시 미국 화학전 부대의 연구에 참여하고 있던 예일대학 의대 교수 알프레드 길먼(Alfred G. Gilman, 1941~)과 루이스 굿맨(Louis S. Goodman, 1906~2000)이 관심을 가졌다. 이들은 백혈구가 증식하는 암에 나이트로겐머스터드가 쓸모 있으리라 여겼다. 그래서 먼저 림프 육종을 이식한 생쥐에 이를 주사해 종양이 없어지는 것을 확인하고, 그 효과와 부작용을 검증했다. 마침내 겨자가스로 백혈병과 암 치료제를 개발해낸 것이다.

나중에는 DNA 합성에 필수적인 엽산 유도체나 대사 억제 약물이 개발되었고, 이를 이용해 1951년 처음으로 고형 종양에 대한 화

● 바리 항 공습
바리 항 공습으로 미국 함선이 피격되어 병사들이 겨자가스에 노출되는 사고가 일어났다. 하지만 이를 계기로 겨자가스가 백혈구 수를 감소시킨다는 것을 확인하고 이 가스로 백혈병 치료제와 항암제를 개발했다.

학요법이 시행되었다. 또, 천연물 알칼로이드에서 유래한 빈크리스틴이 개발되고 미세중합을 억제하는 기전이 밝혀졌다. 이를 토대로 1960년대부터 항암제에 관한 연구가 활기차게 진행돼 복합 요법, 수술 보조 요법 등의 개념이 소개되었다. 현재 가장 많이 사용하고 있는 항암제는 대부분 1960~1970년대에 미국 국립 암 연구소 주도로 개발된 것이다.

위의 이야기도 역사는 우연에 의해 발전을 거듭한다는 사실을 보여준다. 오늘날 많은 암 환자에게 희망을 주는 항암제 역시 병사들의 희생으로 싹텄다는 아픈 역사를 말해주고 있다.

3 아우슈비츠와 731부대, 악마와 손잡은 과학

✚ '죽음의 천사'로 불린 나치 의사

제2차 세계대전이 일어나자 참전국들은 병사의 질병 치료나 세균전 등 전쟁 수행에 필요한 의학 연구에 인력과 물자를 투입했다. 이윽고 의학이 전쟁의 수단이 되고 만 것이다. 이 시기에 비인간적인 인체 실험이 행해져 세간에 큰 충격을 주기도 했다. 이 때문에 의학 연구의 원칙도 완전히 바뀌게 되었다.

나치의 포로수용소에서는 전쟁에 필요한 의학 지식을 쌓기 위해 인체 실험을 강행했다. 러시아 포로들을 얼음물에 넣어 체온이 어느 정도까지 떨어지면 소생할 수 없는지 알아보는 냉각 실험을 했다. 고공에서 사람의 몸에 어떤 현상이 일어나는지 알아보려고 진공 밀실에 포로를 넣은 뒤 점차 감압하며 생리 변화를 기록하기도 했다. 세균전 연구를 위해 각종 세균을 인체에 직접 주입하기도 하고, 화학전을 위해 독가스 실험도 했다. 실험을 강요받은 포로는 그대로 죽거나 살아도 후유증에 시달렸다. 이 실험에서 독일 의사들은 피험자의 증상과 소견을 정확하게 기록하고, 사망 후 반드시 부검해서 임상 증상과 병리학적 소견을 비교했다.

반인륜적인 실험을 단죄하는 재판이 전쟁 후 뉘른베르크 전범 재

● 뉘른베르크 전범 재판

뉘른베르크 전범 재판을 계기로 인간을 대상으로 하는 연구와 실험에서 윤리와 법적 개념을 충족시키기 위해 지켜야 할 열 가지 기본 원칙을 담은 '뉘른베르크 강령'이 채택되었다.

판 때 별도의 '의사 재판(doctors trial)'으로 진행되었다. 23명의 피고가 기소되어 나치 인체 실험의 피해자들이 진술하고 전문가들도 증언했다. 법정은 과학자와 의사 일곱 명에게 사형을 선고했다.

이 재판을 통해 의료인들이 과학 발전과 조국을 위한다는 명분으로 매우 잔인한 일을 저질렀다는 사실이 드러나자 전 세계는 경악을 금치 못했다. 재판 과정을 통해 과학과 이데올로기가 결합하면 무서운 결과를 낳는다는 사실이 적나라하게 드러났다. 재판부는 판결문 말미에 뉘른베르크 강령을 채택했다. 판결문의 일부로 도덕적·윤리적·법적 개념을 만족시키는 최초의 의학 연구 기본 원칙을 선택한 것이다. 이 강령에는 피험자의 자발적 동의, 과학자의 자질, 피험자의 복지 증진 등이 명시되었고, 이는 이후 모든 의학 실험의 가이드라인이 되었다.

나치 의사 중 가장 악명 높은 인물은 아우슈비츠 수용소에서 '죽음의 천사'로 불리며 40여만 명을 죽음으로 이끈 멩겔레(Josef Mengele, 1911~1979)다. 1943년 수용소에 부임한 그에게 열차 가득 실려 오는 유대인, 폴란드인, 집시들은 무한 공급되는 신선한 실험 재료로 보였을 것이다. 포로들이 도착하면 멩겔레는 앞에 서서 그들을 살피며 실험에 필요한 사람을 즉석에서 추려냈다.

멩겔레는 자신의 연구를 통해 열등한 민족은 말살해야 하고 우수한 게르만 민족은 번영해야 한다는 당위성을 증명하고자 했다. 그는 나치가 행하던 그간의 여러 인체 실험은 물론이고, 자신의 연구 과

제이자 나치가 부르짖던 우생학 연구를 위해 아이들을 필요로 했다. 그는 아이들의 신뢰를 얻기 위해 실험실 외부에서는 사탕이나 먹을거리로 친근감을 주던 두 얼굴의 인간이었다.

유전학 연구를 위해 약 200쌍의 쌍둥이를 선택해 전기 충격의 효용성, 불임, 푸른 눈의 특징, 박테리아 연구 등을 진행했다. 일란성 쌍둥이 중 한 명에게 세균을 주입하고 관찰하다가 사망하면 나머지 한 명도 서슴없이 죽인 뒤 부검을 통해 정상 조직과 병리 조직을 비교했다.

그러던 중 독일의 패배가 임박하자 멩겔레는 남미로 도피해 아르헨티나의 부에노스아이레스에서 가명으로 살다가 브라질로 이주했

● 아우슈비츠에서 살아남은 아이들
아우슈비츠에서 멩겔레의 인체 실험으로부터 살아남은 유대인 아이들이 성인 사이즈의 죄수복을 입고 철조망 담 뒤에 서 있다.

다. 현상수배 전단이 세상에 뿌려졌지만 잡히지 않았고 1979년 수영을 즐기다가 익사했다고 전해진다. 멩겔레는 평생 자신이 잘못했다고 생각하지 않았다. 오히려 유대인 전쟁 포로들은 어차피 죽을 목숨인데 의학 지식의 향상을 위해 연구 자료로 사용하는 것이 뭐가 나쁘냐고 반문했다.

그가 브라질에서 이미 죽어 매장되었다는 정보가 입수되자 군 복무 기록과 브라질에서 지낸 행적을 바탕으로 유골 검사를 실시하고 자식의 유전자와 비교해 멩겔레의 유골임을 확인했다. 말하자면 일종의 '부관참시'를 통해 '죽음의 천사'가 사망했다고 결론지었던 것이다. 만약 전쟁이 없었다면 멩겔레처럼 극악무도함을 보여주는 의사도 없었을 것이고, 최초의 의학 연구 원칙인 뉘른베르크 강령도 없었을지 모른다.

✚ 731부대, 생체 실험에 마루타를 희생시키다

2016년에 개봉된 영화 〈동주〉를 보면, 일제 말 일본 유학 중 독립운동을 하다가 투옥된 윤동주와 송몽규가 후쿠오카 형무소에서 어떻게 옥사했는지 알 수 있다. 이들은 옥중에서 정체를 알 수 없는 주사를 정기적으로 맞았는데, 생체 실험의 일환이었다는 주장이 제기되고 있다.

● 이시이 시로
일본군 중장인 이시이 시로는 세균전의 필요성을 역설했고 일명 '마루타'의 생체 실험으로 악명 높은 731부대를 직접 지휘했다.

이시이 시로(石井四郎, 1892~1959)는 '일본은 금속 광물이 부족하므로 새로운 무기가 필요하고, 세균전은 살상 범위가 넓고 전략적으로 이롭다'고 하며 세균전의 필요성을 역설했다. 일제는 그의 건의를 받아들여 1935년부터 1936년까지 히로히토 일왕의 명으로 네 개의 세균전 부대를 세웠다.

중국 헤이룽장성 하얼빈에 있던 일본 관동군 731부대는 이시이 시로 중장이 직접 지휘했다. 1936년 만주를 침략할 때부터 세균전에 대비해 하얼빈 남쪽 20km 지점에 관동군 산하 세균전 비밀 연구소를 세웠다. 일제는 이를 '방역급수부대'라 부르며 연구 사실을 은폐했다. 태평양전쟁이 시작된 1941년에는 '731부대'로 이름을 바꿔 불렀다. 이 부대는 만주사변이 시작된 1936년부터 제2차 세계대전이 끝난 1945년까지 전쟁 포로와 구속된 사람을 대상으로 각종 세균 실험과 약물 실험 등을 자행한 것으로 악명이 높다.

731부대는 병력 3,000명에 8개 부서로 구성되었고, 제1부는 전염병균에 관해 연구했다. 수감된 피험자들은 '껍질 벗긴 통나무'를 뜻하는 일본어 '마루타'로 불렸다. 감옥에 300~400명의 마루타를 수용했고, 1940년 이후 해마다 600명의 마루타를 생체 실험해 최소 3,000여 명의 중국·러시아·한국·몽골인이 희생되었다.

실험 내용을 보면 밀폐된 방의 공기를 빼내면서 인체가 파괴되는 과정을 관찰하는가 하면, 말이나 원숭이의 피를 인체에 주사하는 잔악무도한 짓도 서슴지 않았다. 총기를 만들 때 총알이 어느 정도 깊이로 사람을 뚫을 수 있는지 알몸, 갑옷, 그 밖의 다양한 옷을 입힌 조로 나누어 실험을 강행했다는 사실에 경악하지 않을 수 없다. 제2차 세계대전을 주도한 독일과 일본이 서로 경쟁하듯 생체 실험을 자행했다는 역사의 기록이 비단 우연의 일치만은 아닐 것이다.

731부대에서는 세균 가운데 페스트균, 장티푸스균, 파라티푸스균과 콜레라균을 주로 실험했다. 세균이 사람에게 감염되는 경로와 몸에 미치는 영향을 알기 위해 임산부와 아이까지 포함된 피험자를 대상으로 실험을 진행했다. 그 결과 '근육주사법'이 가장 효과적인 감염법이라는 결론을 내렸다. 노출 부위를 다르게 하려고 청동판으로 얼굴을 가리거나 팔을 가린 피험자들을 야외에 묶어두고 비행기에서 세균 폭탄을 투하하는 실험도 실시했다. 피험자가 동상에 걸리게 해서 팔다리가 썩어들어가는 과정을 관찰하는 실험을 하면서 이에 따른 치료법 등도 연구했다. 이 실험에서 동상을 치료하는 데 가장 효과적인 물의 온도가 37℃라는 사실도 알아냈다. 인간 육체의 특성뿐 아니라 인간의 본성을 연구하려는 듯, 아이와 엄마를 함께 두고 뜨거운 바닥에 계속 열을 가해 아이를 살리려는 모성이 먼저인지 어머니 자신이 살고자 하는 본능이 먼저인지 알아보는 처참한 실험도 자행했다.

1945년 8월 소련군에 패하자 일본은 급하게 철수하며 731부대의 자료와 시설을 폭파했고 인적 증거마저 없애려 했다. 독가스로 죽인 피험자의 시신 40구는 미처 태우지 못하고 강에 던지거나 구덩이에 묻었다.

전쟁이 끝나고 독일의 생체 실험 의사들이 공개재판을 받은 데 반해, 일본의 경우 이시이 시로를 포함한 731부대의 책임자들과 의사들은 축적한 자료를 미국에 넘기는 조건으로 전범 재판을 면했다. 수만 쪽에 달하는 실험 보고서를 은폐한 가해자들은 조용히 '일상'으로 복귀했다. 훗날 중국이 전범 재판을 열어 그중 몇 명이 실형을 선고받았고, 또 전범들의 이름과 얼굴이 공개된 것은 필연이 아닐 수 없다.

의학이 인간의 가치와 생명에 대한 깊은 통찰과 이해 없이 오로지 이념과 애국심이라는 가면을 쓴 악마와 손을 잡으면 매우 위험한 결과를 초래하게 된다. 아우슈비츠와 731부대의 생체 실험은 이러한 사실을 역사적으로 여실히 증명한 사례다. 전쟁이라는 극단적인 상황에서 윤리 없는 과학의 마수를 오롯이 드러냈다.

4 제2차 세계대전과 간염 예방

✚ 만성 간 질환 사망 세계 1위

최근 서울의 어느 개인 의원에서 일회용 주사기를 여러 차례 사용해 C형 간염 바이러스가 수십 명에게 전파되는 어처구니없는 사건이 발생했다. 이 일로 간염의 심각성을 다시 한 번 절감하게 되었다.

동서고금을 막론하고 간 질환의 대표적인 증상은 황달이다. 그중에서도 우리나라의 만성 간 질환에 의한 사망률은 경제협력개발기구(OECD) 국가 중 1위다. 전체 인구의 약 3~4%가 B형 간염 보균자인데, 이는 찌개를 먹을 때처럼 한 가지 음식에 여럿이 숟가락을 넣어 공동으로 식사하는 음식 문화와도 관련이 있다.

이웃 나라 일본도 제2차 세계대전 말기와 종전 직후부터 간염이 심각한 문제로 부상했다. 이를 단적으로 보여주는 영화가 있다. 1998년에 개봉된 이마무라 쇼헤이 감독의 영화 〈간장 선생〉을 보면, 제2차 세계대전 말, 동경대 의대를 졸업한 섬마을의 내과 의사 아카기 선생이 주민의 건강을 지키려고 성심성의껏 환자들을 돌보는데, 그가 내리는 진단은 늘 '간염' 한 가지뿐이었다. 그는 이 병의 원인을 찾아 퇴치하기 위해, 현미경 성능을 개량하고 환자를 설득해 부검을 하는 등 간염 연구에 온 힘을 다한다. 한 의사의 의술을 통해 간염과 같은 집단 전염병의 실체를 밝히려는 역사가 담긴 영화다.

✚ 제2차 세계대전 때 유행한 간염

미국 독립전쟁 때 약 7만 명이 황달에 걸려 '부대 황달(camp jaundice)'로 불렸으나, 제2차 세계대전 때 특별한 두 사건이 터지기 전까지 이 병은 크게 주목받지 못했다. 1942년 여름 황열병 예방접종을 받은 병사들 가운데 5만 명에게서 황달이 나타났고, 62명이 사망했다. 당시 약 30만 명 정도가 감염되었을 것으로 추측되는데, 조사관들은 예방주사를 만드는 과정에서 무엇인가가 인체에 침입했을 것으로 의심했다. 이미 만들어진 제품을 모두 폐기하고, 백신의 제조 과정에서 사람의 혈장이 포함되지 않도록 공정을 바꾸자 유행성 황달은 사라졌다.

또 한 해 뒤인 1943년 이탈리아 본토를 공격하려고 주둔한 시칠리아섬의 점령지에서 병사 1,000명당 37명 비율로 황달이 발생했다. 환자는 1만 6,000명 이상이 보고되었고 이들은 평균 6주간 입원했다. 이 부대는 말라리아로 인한 사망률이 더 높았지만, 황달은 지중해 지역에서 가장 많이 걸리고 전투력 소실 기간도 가장 긴 병으로 1944년 여름까지 2만 2,000건의 사례가 보고되었다. 통계를 보면 1945년 초까지 전 세계에 파병된 미군 중에서 간염에 걸린 사람은 20만 명으로 집계되었다.

제2차 세계대전을 겪으며 대두한 이 유행병의 실체를 밝히고자

● 블룸버그 박사
미국의 의학자인 블룸버그 박사는 B형 간염 백신 개발에 성공해 노벨 생리의학상을 받았다. 세계보건기구는 '간염의 날'을 7월 28일로 지정했는데, 이날이 바로 블룸버그 박사의 생일이다.

미군 당국은 예일대학 등과 함께 역학조사를 대대적으로 실시했다. 오랜 연구 끝에 마침내 간염을 일으키는 바이러스를 찾아냈다. 1964년 미국의 블룸버그(Baruch Samuel Blumberg, 1925~2011)는 유전과 질병 감수성 간의 관계를 연구하다가 호주 원주민의 혈액에서 어떤 항원을 발견했고, 거듭된 연구로 이 항원이 B형 간염을 유발하는 바이러스임을 밝혀냈다. 1969년에는 B형 간염의 백신 개발에 성공했고 블룸버그는 이 공로로 1976년 노벨 생리의학상을 받았다.

세계보건기구(WHO)는 1992년 B형 간염을 면역 확대 사업에 포함시켜 1997년부터 모든 나라에서 B형 간염을 신생아 기본 예방접종에 포함할 것을 권고했다. B형 바이러스 간염이 만연하는 바람에 한때 '간염 왕국'으로 불린 우리나라도 1991년부터 신생아 예방접종 사업을 시행했다. 그 결과 1980년대 초 남자는 8~9%, 여자는 5~6%였던 감염률이 2006년에는 4~6세 소아에서 0.2% 수준으로 떨어졌다. 예방접종의 혜택을 보지 못한 중장년층을 포함한 우리나라의 만성 간염 환자는 약 40만 명 정도 된다.

앞으로는 우리나라에 C형 간염이 주요 간염으로 등장할 것으로 예상된다. 황달 증상이 더 심하고 치사율이 매우 높은 C형 간염은 이미 백신 개발에 성공한 B형이나 A형보다 유전자형과 아형(subtype)이 다양해 백신 개발이 늦어지고 있다.

그간 예방접종 사업의 결실로 현재 우리나라 학생들은 대부분 B형 간염 항체를 가지고 있다. 그러나 증가하는 C형 간염에 대비해 과로를 피하고 개인위생에 더욱 힘써야 할 것이다. 그리고 실수로라도 이미 사용된 주사침에 찔리지 않도록 각별히 주의해야 한다.

5 페니실린을 최초로 사용한 제2미육군병원

✚ 최초의 항생제, 페니실린

런던의 제국전쟁박물관에서 리 밀러(Elizabeth Lee Miller, 1907~1977)의 사진전을 관람한 적이 있다. 그녀는 최전선을 돌아다니며 피투성이가 된 부상병이나 나치 수용소에서 발견된 시체 등 참혹한 전쟁의 현장을 카메라에 생생하게 담아 패션 잡지 『보그』에 게재한 종군기자였다.

옥스퍼드 근처 처칠 병원에 주둔한 1,000개 병상 규모의 제2미육군병원에 근무하던 간호사들의 사진도 있었고, 간호사 기숙사에서 건조하려고 널어놓은 빨래 사진도 있었다. 그 가운데 '이 병원에서 미군에 의해 최초로 페니실린이 사용되었다'라고 적힌 설명이 눈길을 끌었다.

전투에서 부상 후 사망에 이르는 일차적 원인은 출혈로 인한 쇼크고, 이차적 원인은 감염이다. 1932년 독일의 생화학자 도마크(Gerhard Domagk, 1895~1964)가 설파제의 항균 효과를 확인하고 제2차 세계대전에서 사용하면서 부상병의 사망률이 감소했다. 당시 미군은 설파제 가루를 개인이 소지하게 해 감염을 줄이는 효과를 보았다. 영화 〈라이언 일병 구하기〉에서도 다친 동료에게 가루를 뿌리고 붕대를 감는 장면을 볼 수 있다. 하지만 설파제는 생물에서 유래하지 않아 항생제라고 부르지 않았다. 그래서 최초의 항생제는 그 유

● 페니실린을 발견한 플레밍
스코틀랜드 출신 의사인 플레밍은 역사상 최초의 항생제로 여겨지는 페니실린을 발견한 공으로 노벨 생리의학상을 받았다.

명한 페니실린이다.

플레밍(Alexander Fleming, 1881~1955)이 1928년 푸른곰팡이에서 항균 작용을 발견했지만, 이를 정제한 페니실린이 만들어진 것은 1940년에 들어서였다. 1941년 사람에게 투여해 효과가 확인되자 제2차 세계대전 때 전장에 다량으로 공급했다.

1946년 미국 외과학회지에 발표한 어느 논문에는 이런 내용이 나온다. '영국에서는 1943년 페니실린이 감염 치료에 탁월한 효과가 있다는 것을 확인했지만, 물량이 부족해 적은 양을 국소적으로만 사용했다. 미국의 정책은 확정된 감염에 대해서만 전신에 투여하는 것으로, 바다를 건너온 이 약은 생명이 위독하거나 만성적인 고름 배출 환자의 치료에만 사용되었다.' 말하자면 당시에는 희귀 약품이었던 것이다.

페니실린을 발견한 스코틀랜드 출신 플레밍과 이를 상용화한 오스트레일리아 출신 플로리(Howard Walter Florey, 1898~1968)와 유대계 독일인 체인(Ernst Boris Chain, 1906~1979)은 1945년 노벨 생리의학상을 받았다.

프랑스 작가 앙드레 모루아가 쓴 책에는 1946년에 플레밍이 하버드 대학에서 명예박사학위를 받았을 때 발표한 연설문이 담겨 있는데, 그가 얼마나 겸손한 사람인지 잘 보여준다.

사람들이 내가 페니실린을 발견했다고 말하는데, 사실은 내가 발

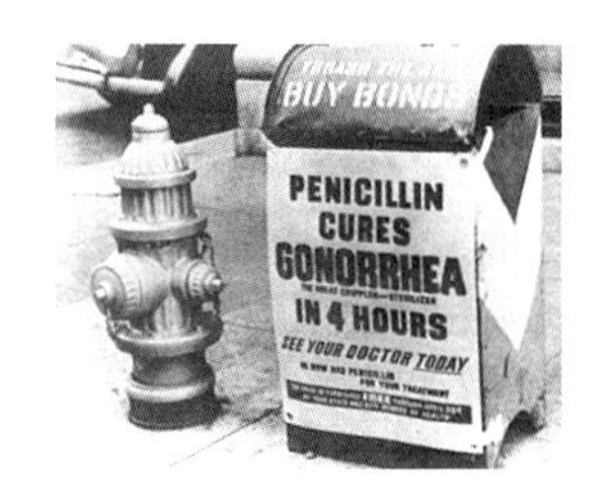

● 페니실린 광고
페니실린은 플로리와 체인에 의해 상용화되었다. '페니실린은 임질을 네 시간 안에 치료한다(Penicillin cures gonorrhea in 4 hours)'라는 광고 문구가 눈에 띈다.

견한 게 아니라 수백 년, 수천 년 동안 있었던 것에 사람들의 주의를 집중시켰을 뿐이에요. 내가 우수한 것이 아니라 행운의 여신이 나를 도와준 것에 지나지 않지요. 수백 종류의 페니실린이 있는데 그 중 '페니킬리움 노타툼(penicillium notatum)'이라는 푸른곰팡이가 창문 사이로 들어와 내가 부주의하게 열어놓은 배지(petri dish) 속에 들어갔으니까요.

또한 플레밍은 하버드대학 학생들에게 "행운이 사람을 돕는다. 이는 노력하지 않아도 된다는 말이 아니라, 열심히 공부해서 행운의 여신이 손을 내밀 때 즉시 알아채고 잡을 수 있도록 지식을 배양해야 한다는 말이다"라고 격려했다고 한다.

항생제와 내성균의 끝없는 싸움

1940~1950년대는 페니실린이 연쇄상구균과 포도상구균 감염에 특효약으로 사용되던 시기였다. 항생제가 개발되어 감염을 줄일수록 세균도 진화해 항생제에 내성을 가지게 마련이다. 1960년에 들어서면서 내성균이 출현하기 시작했다. 1973년에는 세팔로스포린 계통

항생제인 세파졸린이 개발되었고, 1980년대에는 여러 세팔로스포린 제제와 수백 종의 항생제가 개발되어 사용되었다.

이 시기에 메티실린 내성 황색포도상구균(MRSA: Methicillin Resistant Staphylococcus Aureus)이 발생해 문제가 되기 시작했다. 항생제를 많이 사용하는 대형 종합병원에서 자주 발견되는데, 공기 중이나 의사와 간호사의 신체 부위, 수술칼, 병원 담요, 튜브 등에서도 3시간이나 생존하고 번식력도 강한 병원 감염의 주범이다. MRSA가 발견되면 이를 이길 수 있는 유일한 항생제 반코마이신(vancomycin)으로 치료해야 한다.

1990년대에는 항생제의 마지막 보루라고 여겨진 반코마이신에도 내성을 가진 반코마이신 내성 장알균(VRE: Vancomycin Resistant Enterococcus)이 출현했으며, 여러 종류의 베타 락탐계 항생제를 분해하는 광범위 베타 락타메이즈(broad-spectrum beta lactamase)를 만들어내는 그람 음성균의 발생 빈도도 증가하기 시작했다.

세균의 '다제내성'에는 세 가지 계열 이상의 항생제에 내성을 보이는 '약제 다제내성(MDR: Multi Drug Resistance)', 한두 가지 계열을 제외한 모든 항생제에 내성을 보이는 '광범위 내성(XDR: Extensively Drug Resistance)', 모든 계열의 항생제에 내성을 보이는 '극한 광범위 내성(PDR: Pan Drug Resistance)'이 있다. 치료 가능한 항생제가 거의 없는 극한 광범위 내성 세균을 '슈퍼박테리아'라고 부른다. 현재 문제가 되는 슈퍼박테리아는 카바페넴에 내성을 가지는 유전자 '뉴델

리 메탈로-베타-락타마제(NDM-1: New Delhi metalo-beta-lactamase 1 enzyme)'를 가진 세균이다. 2010년 언론은 이 유전자를 가진 세균을 '슈퍼버그'라는 이름으로 보도했다. 이 유전자는 대장균과 폐렴막대균의 일부 균주에서 발견되었으며, 수평적 유전자 이동을 통해 다른 균주 또는 종으로 넘어갈 수 있다.

런던의 임페리얼칼리지 부속 성모 병원에는 이 병원에서 근무한 플레밍의 상반신이 부조된 노벨상 메달을 크게 만들어 건물의 꼭대기에 잘 보이도록 전시하고 있다. 돌이켜보면 인류가 플레밍에게 전해야 할 감사는 노벨상 정도로는 도저히 표현이 안 될 것 같다.

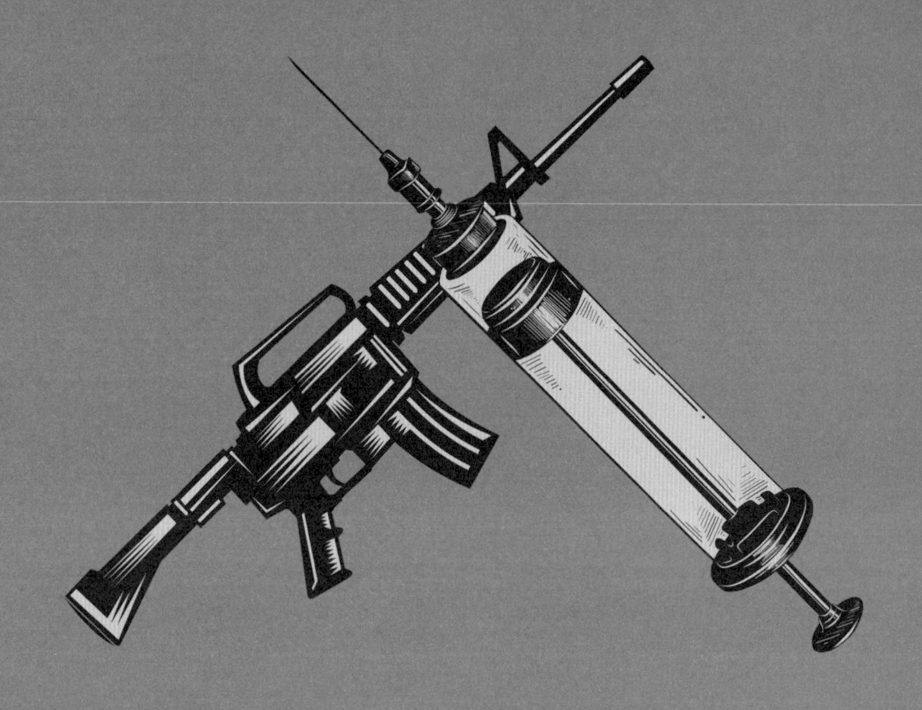

제4부

한국전쟁 : 민족의 비극 속에서 의학이 발달하다

1 한국전쟁과 전염병 예방

✚ 해충을 죽이는 데는 DDT가 만능

2017년 8월 살충제 달걀 파동이 벌어졌을 때 또 다른 살충제인 DDT가 경북 경산시와 영천시 산란계 농장의 달걀과 닭, 토양 등에서 검출되었다. 경산 농장의 닭에서 검출된 DDT는 최고 0.453ppm, 영천 농장의 닭에서는 최고 0.41ppm으로 잔류 허용 기준치 0.3ppm을 초과했다. 1979년에 시판이 금지된 DDT가 40년 가까운 세월이 지나서 문제가 될 줄은 꿈에도 몰랐다.

내가 중학교에 다니던 시절, 그러니까 약 45년 전에는 남학생은 모두 삭발을 하거나 잔디를 깎은 것처럼 머리카락을 조금만 남겨두었다. 초등학교에 다니던 막냇동생은 만화 〈캔디〉에 나오는 '테리우스'같이 길고 탐스러운 머릿결을 가지고 있었는데, 어느 날 머리에서 이가 한 마리 발견되는 바람에 바로 어머니 손에 이끌려 이발소로 가서 머리를 밀고 말았다.

당시에는 해충이 많았다. 이나 벼룩에 물려 가려운 곳을 긁는 바람에 피부가 빨갛게 된 사람이 흔했고, 공중변소에 가면 구더기가 들끓었다. 개인위생에 신경을 쓰고 살충제를 뿌리는 등 공중위생이 개선되자 해충이 사라지기 시작했다. 우리와 가장 친숙한 살충제는 바로 DDT(Dichloro-Diphenyl-Trichloroethane)다. 화학 살충제가 개발되기 이전에는 국화과의 다년생 화초인 제충국(除蟲菊, pyrethrum)을 모기를 죽이는 향불 및 천연 농약으로 사용했다. 하지만 양이 적고 가격이 비싸 널리 쓰이지는 못했다.

1874년에 오스트리아의 화학자 자이들러(Othmar Zeidler, 1850~1911)가 DDT를 최초로 합성했다. 하지만 당시에는 살충 효과가 있는지도 몰랐다. 스위스의 연구소에서 살충제를 연구하던 뮬러(Paul Herman Müller, 1899~1965)가 DDT라는 합성 물질이 곤충의 신경을 마비시킨다는 사실을 발견해 1941년에 특허 출원했고, 1942년에 제품으로 출시했다. DDT는 농작물을 해치는 곤충은 물론 이, 벼룩, 모기 등을 없애는 데도 효과적이었다. 따라서 해충을 매개로 전염되는 발진티푸스, 말라리아, 페스트 등을 차단할 수 있었다. 특히

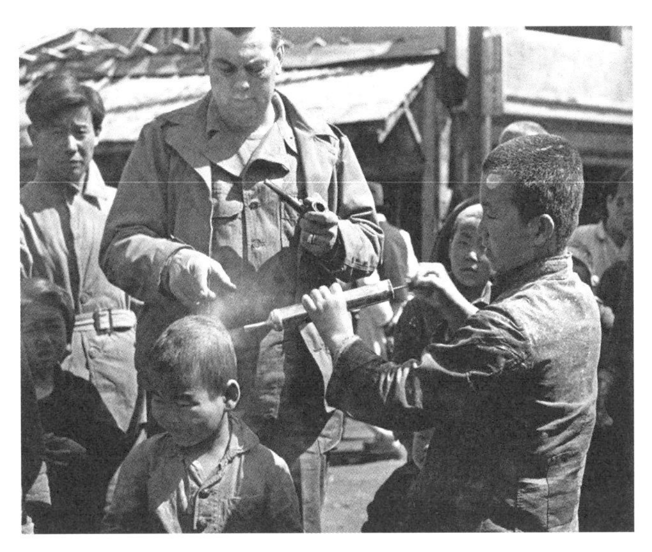

● **어린아이들에게 DDT를 뿌리는 모습**
한국전쟁 당시 전염병을 예방하기 위해 미군이 제공한 DDT를 어린아이들의 머리와 옷에 뿌렸다.

제2차 세계대전 때 열대 지역에서 말라리아 등의 전염병에 시달리던 미군에게 DDT가 공급되어 많은 병사의 목숨을 구할 수 있었다.

한국전쟁 때도 장티푸스, 결핵 등 각종 전염병이 흔히 발생했다. 그중 발진티푸스는 이가 많이 서식하는 비위생적인 환경에서 주로 발생했다. 발진티푸스 예방을 위해 하얀 가루(DDT)를 머리와 옷에 뿌리는 사진 기록을 흔히 발견할 수 있다.

✣ 마구 뿌린 DDT, 환경 파괴의 주범이 되다

DDT는 곤충의 이온 채널을 교란해 신경계를 망가뜨려 강력한 살충 효과가 있지만, 사람을 비롯한 척추동물에는 독성이 거의 없어 살충제로 바람직하다. 그러나 생분해가 잘 안 되어 반감기가 길고(약 8년), 지용성이므로 동물의 지방조직에 축적된다. 사람이든 물고기든 생리학적으로 스트레스를 받으면 에너지를 얻기 위해 저장된 지방을 이용한다. 이런 작용으로 지방조직 내에 축적된 DDT는 혈액으로 나와 유해 효과가 나타난다. 1954~1956년에 실시된 조사에 따르면 일반인의 인체 지방조직에서 5.3~7.4ppm의 DDT가 검출됐다.

논밭에 마구 뿌려진 DDT는 먹이사슬을 따라 이동해왔다. 사람의 체내에서 검출됐고, 북극곰에서도 나타났다. 1962년 미국의 해양생물학자이자 작가인 레이첼 카슨(Rachel L. Carson, 1907~1964)은 저서 『침묵의 봄』에서 무분별한 DDT 사용을 경고했다.

> 강에는 죽은 송어들이 떠올랐으며 길과 숲에서는 죽어가는 새들이 발견되었다. 하천 주변의 동물들 역시 고요함 속에 파묻혔다. 농약을 뿌리기 전에는 자신들의 분비물로 잎, 줄기, 작은 돌멩이 등을 뭉쳐서 집을 만들어 사는 날도래 유충들, 급류가 흐르는 바위에 붙어 있는 강도래 무리, 물살 빠른 곳의 돌 가장자리나 강물이 흐르는 경사진 바위에 붙어사는 검정도래 등 연어와 송어의 먹이가 되는

이런 수중 생물이 풍부했다. 그러나 이제 수중 곤충들은 그곳에 없었다. DDT로 인해 몰살당했기 때문이다. 그러다 보니 어린 연어들이 먹을 것은 하나도 남지 않았다.

1961년 텍사스주 콜로라도강에서는 물고기가 떼죽음을 당했다. 하수구를 통해 DDT, 벤젠헥사클로라이드, 클로르데인, 톡사펜 등을 생산하는 공장에서 제대로 정수 처리를 하지 않은 화학약품이 흘러나오고 있었던 것이다. 어류 폐사는 생태계 파괴뿐 아니라 어업에도 영향을 미친다. 어류나 조개류 등 바다로부터 얻을 수 있는 자원이

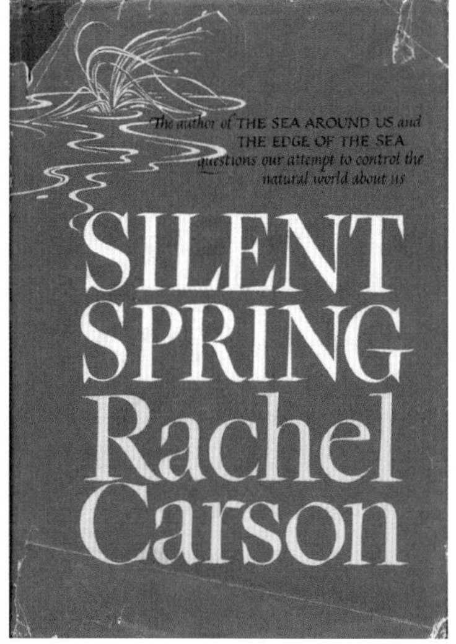

● 레이첼 카슨과 『침묵의 봄』
레이첼 카슨은 그의 유명한 저서 『침묵의 봄』에서 무분별한 DDT 사용이 생태계에 미치는 악영향을 신랄하게 지적했다. 오른쪽 사진은 『침묵의 봄』 초판 표지다.

화학약품의 위협을 받는다.

봄이 왔지만 곤충이 보이지 않았다. 먹이를 찾던 새들이 죽고, 가축을 기르던 농부가 원인도 모른 채 시름시름 앓다가 죽었다. 불개미 떼를 없애기 위해 마구 뿌려댄 DDT가 가져온 비극이었다. 마침내 DDT는 1972년 미국에서 사용이 제한되었다.

이제 우리나라 사람들의 머리와 몸에서는 이를 찾아보기 힘들다. 하지만 주로 성관계에 의해 감염되는 사면발니는 여전히 자주 발견된다. 음모에 서식하는 사면발니는 감염되면 이의 침(saliva)에 대한 과민반응으로 피부 가려움증이 생기는데, 감염 초기보다 몇 주 뒤에 증상이 심해진다. 이가 피를 빤 피부는 며칠 동안 푸르스름하게 보인다. 혹시라도 사면발니가 의심되면 주저 말고 가까운 병원을 찾아가야 한다. 살충제 페노트린 0.4% 분말 가루를 줄 것이다. 하루 1회, 또는 이틀마다 3~4회 살포하는 것을 반복해야 한다. 음모를 제모하면 약의 흡수에 도움이 된다. 옷과 침대 시트를 더운물로 세탁해야 하는 건 물론이다.

2 입술갈림증 수술과 콩팥증후출혈열

밀라드 소령, 입술갈림증 수술법을 개발하다

얼굴에 생기는 가장 흔한 선천기형으로 입술갈림증(구순열)과 입천장갈림증이 있다. 우리나라에서는 약 650~1,000명당 한 명꼴로 나타난다. 흔히 '언청이'라는 이름으로 놀림을 받는 이 기형은 토끼의 입을 연상시켜서 '토순(兎脣)'이라고도 부른다.

이 기형은 태생기 중 얼굴이 만들어지는 임신 4~7주 사이에 입술이나 입천장을 만드는 조직이 제자리에 붙지 못해 생긴다. 그 원인은 여러 요소가 복합적으로 작용하는데, 유전, 임신 초기에 복용한

● 입술갈림증 환자를 수술하는 밀라드 소령
미 해병대 소속 군의관인 밀라드 소령은 1954년 한국의 이동외과병원에서 근무하면서 입술갈림증 수술법을 개발하고 실제로 수술도 진행했다.

항경련제와 같은 약물 부작용, 엽산이나 비타민 C의 결핍, 저산소혈증, 홍역과 같은 질병을 들 수 있다.

입술갈림증 수술법은 성형외과 전문의 시험에 항상 출제되는 중요한 문제기도 하다. 역사적으로 여러 방법이 개발되었지만, 현재는 밀라드(Ralph Millard Jr., 1919~2011)의 회전-전진법(rotation-advancement)이 표준 방법으로 쓰이고 있다. 주목할 만한 점은 그가 회전-전진법을 개발한 나라가 바로 한국이라는 것이다.

미 해병대 소속 군의관이었던 밀라드 소령은 휴전협정이 체결된 이듬해인 1954년부터 1년간 이동외과병원(MASH)에 근무하면서, 당시 한국에서 흔히 볼 수 있었던 입술갈림증을 앓는 어린이들을 수술했다. 그때까지는 수술을 받지 못해 불편하게 사는 어린이가 많았다. 그는 과거 여러 수술법의 장단점을 분석해 단점을 극복한 회전-전진법을 고안했고, 그 결과를 1955년 스톡홀름에서 열린 제1차 국제성형외과학회에서 발표해 주목을 받았다.

각색된 이야기겠지만, 그가 수술한 첫 환자는 논에서 올가미 밧

줄을 던져서 잡아 왔다고 한다. 한국 어린이가 미군을 보면 도망가기 일쑤였으므로 잡아서라도 수술해주고 싶은 심정은 이해가 된다. 그렇더라도 아무런 동의 없이 강제로 수술했다면 불법 진료가 된다. 하지만 그 후 기형을 무료로 수술해주는데 결과가 좋다는 소문을 듣고 환자들이 몰려들었다. 그의 의술 덕분에 행복해진 아이들이 많아졌다.

밀라드 소령이 저술한 교과서 『입술천장갈림증, 수술 방법의 발달』의 서문에는 다음과 같이 쓰여 있다. '얼굴의 부족한 조직을 주변 조직으로 재건해 정상처럼 완벽하게 만들어 환자를 행복하게 만들려는 목적은 마치 퍼즐 조각을 찾아 맞추려는 것과 같다.'

그는 재건 수술뿐만 아니라 미용 수술에도 관심을 가져 쌍꺼풀 수술을 개발했다. 그가 쓴 논문에 실은 사진에는 다음과 같은 설명이 붙어 있다. '몇몇 동양 소녀들은 미군에게 매력적으로 보이려고 서양인과 비슷한 눈을 만들어달라고 요청했다.' 이 논문을 읽으면서 한국의 성형외과 의사로서 언짢은 마음을 금할 수 없었다. 서양에서는 오히려 동양의 외꺼풀진 여성을 아름답게 여긴다고 하지 않던가.

하지만 이제는 한국의 여러 분야가 그렇듯 성형외과학도 세계 최고 수준으로 발전해 미용 수술을 배우러 다른 나라의 의사들이 우리나라에 찾아오고, 한국의 성형외과 의사들이 제3세계 국가에 입술갈림증 수술 봉사 활동을 다니고 있으니 감회가 새롭다.

✚ 전쟁 중에 콩팥증후출혈열의 원인을 밝혀내다

한국전쟁은 민족 최대의 비극이었지만 역설적이게도 의학 발전에 기여한 바가 적지 않다. 전쟁은 콩팥증후출혈열의 원인인 '한탄바이러스'를 밝히는 기회가 되기도 했다.

콩팥증후출혈열은 발열과 허리 통증, 출혈을 거쳐 콩팥부전을 일으키는 인수 공통 바이러스 감염병이다. 들쥐의 72~90%를 차지하는 등줄쥐나 집쥐의 배설물이 마르면 거기에 함유된 바이러스가 호흡기를 통해 전파된다. 늦봄(5월~6월)과 늦가을(10월~11월) 건조기에 많이 발생하고, 야외 활동으로 바이러스에 노출될 기회가 많은 사람에게 특히 자주 발병한다.

이 병은 역사적으로 1940년대 만주의 일본군과 극동 지방의 소련군 내에서 유행해 20~30%의 높은 사망률을 보였다는 기록이 있다. 하지만 원인을 명확히 밝혀낼 만한 연구가 어려워 병원체를 찾으려는 노력이 별 성과를 거두지 못했다. 일부 야전군에서는 숙영지 주변의 쥐를 박멸하는 등의 노력으로 예방책을 마련했다고 한다.

유행성출혈열이라 불리던 이 병은 한국전쟁이 한창이던 1951년에 다시 주목받았다. 유엔군 3,200여 명이 알 수 없는 출혈병으로 사망했다. 당시 중공군도 병영 내에 괴질이 돌아 한강 이남으로 넘어오지 못했는데, 그 괴질이 바로 이 병으로 추정되고 있다. 막연히 괴질이라 불린 병은 유엔군과 중공군 모두 적군이 만든 생물학 무기라고 생각했다.

그로부터 25년이 지난 1976년 이호왕 교수가 경기도 동두천의 한탄강 유역에서 잡은 등줄쥐로부터 이 병의 원인이 되는 바이러스를 발견하고 '한탄바이러스'라고 이름 붙였다. 1988년 환자의 혈액에서 분리·배양한 한탄바이러스를 0.05% 포르말린으로 약독화(弱毒化)시켜 최초의 한탄바이러스 백신 개발에 성공하고, 1990년 백신이 출시되어 어느 정도 예방도 가능해졌다.

이 교수가 바이러스에 '한탄'이라는 이름을 붙인 이유는 앞에서 말했듯이 '한탄(漢灘)'강 유역에 서식하는 등줄쥐에서 발견했기 때문이다. 그런데 이북 출신인 그가 민족 분단의 상징인 휴전선을 가로질러 흐르는 한탄강을 '한탄(恨歎)'강으로 여겼기 때문이기도 하다고 1980년 의대생 시절 강의실에서 직접 들은 적이 있다. 이호왕 교수가 왜 그렇게 한탄바이러스 연구에 헌신했는지 이해가 되는 한편, 우리의 분단 현실이 더욱 아프게 느껴지기도 했다.

한탄바이러스에 감염되면 2~3주 뒤에 열이 나면서 춥고 떨리며, 결막이 충혈되고, 눈 주위가 붓고, 얼굴에 홍조가 생긴다. 머리와 눈이 아프고, 콩팥이 위치한 갈비척추각을 누르면 통증을 호소한다. 물렁입천장과 겨드랑이에 점상 출혈이 보이고 혈뇨도 생긴다. 그리고 섬망이나 혼수, 구역, 구토 등 전신증상이 다양하다.

따라서 야외 활동 후에 이런 증상이 보이면 제일 먼저 콩팥증후출혈열을 의심해야 한다. 곧장 양호실이나 가까운 병원을 찾아 그간의

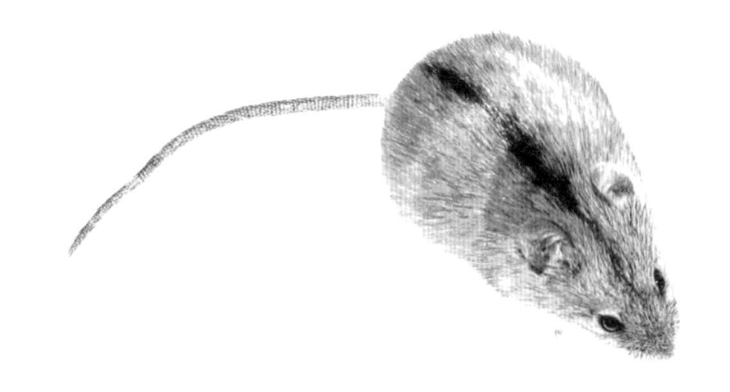

● 한탄바이러스를 옮기는 등줄쥐
이호왕 교수는 한탄강 유역에서 잡은 등줄쥐로부터 콩팥증후출혈열의 원인이 되는 한탄바이러스를 발견했다.

야외 활동과 증상 등을 이야기하고 진료를 받아야 한다. 치료 시기를 놓치면 평생 콩팥부전증이 지속될 수도 있다. 진단은 검사 대상물에서 바이러스를 분리하거나 간접면역형광항체법, 엘리자(ELISA)법으로 IgM 항체, 또는 혈청학적으로 확진이 가능하다. 확진된 환자는 절대안정이 필요하며, 쇼크와 콩팥부전을 치료해야 한다. 다행히 이 병은 사람 사이에서는 전염되지 않으므로 격리할 필요는 없다.

감염의 위험성이 높은 지역에 사는 사람은 적절한 시기에 예방접종을 해야 한다. 우리나라의 경우 2011년부터 3년간 1,261명의 환자가 발생해 18명이 사망했고, 이 기간에 백신을 맞은 193명이 감염된 것으로 나타났다. 백신을 접종한 사람들도 감염되는 것은 해당 백신의 항체 생성률이 낮기 때문이다.

1998년 강남세브란스병원에 재직하던 손영모 교수가 학회에서 '한타박스의 면역항체 생성률이 16.7%밖에 되지 않는다'고 발표한 뒤, 고려대 의대 감염내과 김우주 교수가 2016년 국제 학술지 『백신』에 게재한 논문 「건강한 성인에 있어서 한탄바이러스 백신의 안전성 및 장기 면역원성」에서 한타박스의 항체 양전율이 2차 접종 후 23.2%에 불과하다고 말했다. 현재 접종 방식은 1·2차 접종을 하고 1년 뒤 3차 접종을 하게 되어 있지만, 1·2차 접종 후 2~6개월 이내에 3차 접종을 해야 항체 양전율을 45%까지 높일 수 있다고 주장한 바 있다.

콩팥증후출혈열을 예방하려면 늦봄과 늦가을의 건기에는 유행 지역(특히 한탄강 유역)에서 잔디 위에 눕거나 잠을 자서는 안 된다. 특히 들쥐의 배설물에 접촉하지 않도록 주의해야 하며, 잔디 위에 텐트를 치는 것은 물론 침구나 옷을 말리는 일도 자제해야 한다. 야외 활동 후에는 감염의 위험성을 고려해 옷에 묻은 먼지를 털고 깨끗이 목욕해야 한다.

3 '더운 피' 수혈과 혈액투석

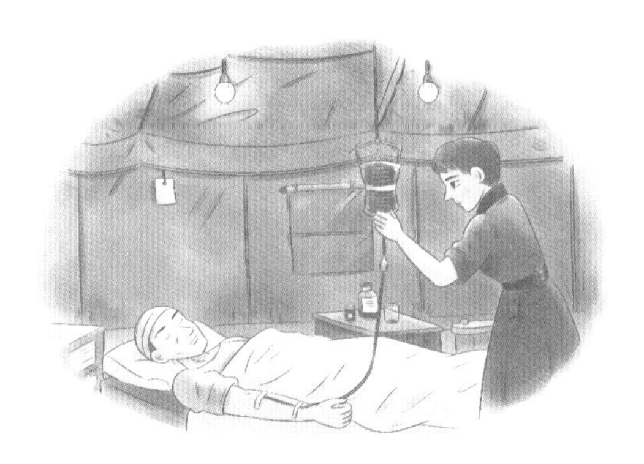

전상자에게 처음으로 '더운 피'를 수혈하다

수액 치료나 수혈을 받을 때 보통 '링거'라고 불리는 500cc 혹은 1,000cc 비닐 백을 폴대에 걸어놓는다. 주사침이 연결된 관과 수액백 사이에 있는 손가락같이 길쭉한 용기 사이로 물방울이 때로는 빠르게, 때로는 느리게 똑 똑 떨어지는 것을 볼 수 있다. 간호사는 회진때마다 밀대로 떨어지는 속도를 조절한다. 이 용기가 바로 공기 필터다.

앞서 보았듯이 1900년 란트슈타이너는 사람의 피에는 세 가지 동종응집소가 존재한다는 사실을 규명해, A형, B형, C형(O형) 세 가지로 혈액형을 분류했다. 1916년 로우스와 툼이 소금, 동위 구연산염, 포도당을 섞어 항응고 보존제를 만들어서 제1차 세계대전 때 수혈에 이용했다. 제2차 세계대전부터 한국전쟁 직전까지 수혈 방법은 환자의 침상 옆에서 헌혈자에게 50~100*ml* 정도의 혈액을 채혈해 즉시 수혈하는 것이었다.

한국전쟁 때는 미국 본토에서부터 항응고제 ACD에 보관되어 공수한 전혈(Whole blood)로 미군 의료진이 전상자들에게 수혈을 시행하면서 우리나라에서도 수혈이 보편화되었다. 이동외과병원의 군의관들은 경험을 토대로 여러 후향적 연구를 시행해 외상 치료에 큰 영향을 미쳤다. 그중 하나가 수혈 기법의 발전이다.

하버드대학의 생리학자 캐넌(Walter Cannon, 1871~1945)은 베르나르(Claude Bernard, 1813~1878)가 처음 말한 '내부 환경(milieu intérieur)'을 확대해 사람의 몸은 늘 일정한 상태, 즉 항상성*을 유지한다는 학설을 1932년 그의 유명한 책 『몸의 지혜』에서 밝혔다.

캐넌은 자신의 학설에 따라 수혈하는 피도 데워서 투여해야 한다고 말한 바 있었는데, 실제로 이것이 한국전쟁 때 군의관들에 의해 실행되

* 항상성

생체의 기능이 효율적으로 작동해 생명을 유지하려면 체온, 수소 이온 농도(pH), 삼투압 등 내부 환경이 항상 어떤 좁은 범위 내에서 유지되는 것이 내부 환경의 항상성 유지다. 예를 들면, 운동할 때 호흡과 순환이 촉진되고 땀이 나는 것은 운동 때문에 생기는 산소 부족이나 이산화탄소의 과잉 생산, 체온 상승 등 내부 환경의 문란을 줄이거나 속히 정상으로 복귀시키려는, 즉 항상성을 유지하려는 노력이다.

● '더운 피' 수혈을 주장한 캐넌
하버드대학의 생리학자인 월터 캐넌은 사람의 몸은 항상성을 유지해야 하므로 '더운 피'를 수혈해야 한다고 말했다. 실제로 한국전쟁 때 군의관들은 그의 주장에 따라 전상자에게 더운 피를 수혈했다.

었다. 이들은 냉장 보관된 혈액을 수혈 직전에 데워서 '더운 피'를 수혈했다.

수혈의 기본 원칙에 따르면, 차가운 혈액을 1분당 100*ml* 이상의 속도로 수혈하는 경우 더운 피를 수혈할 경우에 비해 심장마비 등 부작용을 일으킬 확률이 높다고 한다. 그러나 1~3단위(unit)의 혈액을 수 시간에 걸쳐 천천히 투여하면 꼭 더운 피를 사용할 필요가 없다고 한다. 40℃ 이상에서는 열에 의한 적혈구 손상이 일어나므로 더운 피 온도는 38℃를 넘지 않는 것이 보통이다.

군의관들은 수술 전후에 환자의 혈압을 유지하려고 사용하는 혈관수축제의 효과는 수혈보다 못 하다는 것도 경험으로 밝혀냈다.

한국전쟁 초기에 혈액이나 수액을 투여할 때는 공기 여과기 없이 유리병에 담긴 액체를 직접 투여했고, 그 결과 공기색전증*이 발생했다. 이러한 사례를 통해 수액 병에 꼭 공기 필터를 사용하게 된 것이다.

* 공기색전증
공기가 혈관을 막아 피를 공급받아야 하는 장기의 기능이 상실되는 병이다. 심장에 혈액을 공급하는 심장 동맥이 공기에 막히면 심근경색을 일으키며, 뇌혈관으로 들어간다면 뇌경색이 생길 수도 있다.

우리나라에서는 한국전쟁 중 미군에게 수혈 방법을 배운 한국 군의관들에 의해 수혈의 필요성이 강조되었다. 민간보다 군대에서 먼저 도입된 것이다. 1952년 해군에 '혈액고(혈액은행)'가 최초로 설치되었고, 이후 육군과 공군에도 혈액은행이 만들어졌다.

『손자병법』의 저자 손무가 '장수는 전장에 나오면 비록 군주의 명령이라도 거부해야 한다'고 한 말이 생각난다. 전장의 군의관들은 기존의 치료법을 답습하지 않고 실전에서 얻은 지혜를 바로 적용해 많은 목숨을 구한 것이다.

✚ 혈액투석기가 처음으로 사용되다

옛날에는 빗물도 그냥 마셨지만, 지금은 집이나 학교, 회사마다 정수기가 설치되어 있지 않은 곳이 없다. 학생들도 편의점에서 파는 생수를 마시거나 학교에 비치된 정수기를 사용한다. 정수기는 삼투압을 이용해 물을 거른다. 삼투압은 농도가 높은 쪽으로 용매가 반투막을 통과할 때 발생하는 압력을 말한다. 바닷물로 민물을 만들거나 배추를 소금에 절여 김치를 만드는 것도 삼투압 작용을 이용하는 사례에 해당한다.

정수기는 필터에 따라 '역삼투압 방식'과 '한외여과 방식'으로 구분된다. 역삼투압 방식은 인위적으로 압력을 가해 용매를 농도가 낮은 쪽으로 이동하게 만드는 방식이다. 제2차 세계대전 때 미 해군은 바닷물의 염분을 제거해 담수로 바꾸는 역삼투압 정수기를 개발했다. 한외여과 방식은 고분자 플라스틱 원료로 비대칭 구조의 막을 모듈화하면서 실용화되었는데, 0.001~0.01미크론(μ)의 구멍을 가지고 있다. 정수기와 혈액투석기는 원리가 비슷할 뿐 아니라 도입된 시기도 비슷한데, 바로 한국전쟁 때 처음 사용되었다.

1854년 스코틀랜드의 화학자 그레이엄(Thomas Graham, 1805~1868)이 소의 방광을 통해 용질이 이동하는 것을 설명하면서 '투석(dialysis)'이라는 용어를 최초로 사용했다. 체액에서 투석에 의해 용질을 제거한다는 개념인 '혈액투석'은 1915년 존스홉킨스 의과대학의 아벨(John Jacob Abel, 1857~1938) 등의 학자들이 개에게 시도했다. 셀로이딘 막을 반투과막으로 사용하고, 거머리에서 추출한 히루딘을 항응고제로 사용했다.

1924년 독일의 하스(George Haas, 1886~1971)는 사람에게 처음으로 혈액투석을 시도했다. 1924년부터 1928년까지 네 명의 콩팥 기능 상실 환자에게 시도했는데, 기술적인 문제와 항응고 치료에 문제점이 있었다. 이들 환자는 일시적으로 요독 증상의 호전이 있었으나 곧 사망했다. 처음 치료를 시작한 환자들은 항응고제로 거머리에서 추출한 히루딘을 사용했고, 1919년에 합성된 헤파린을 1928년부터 투석에 이용했다.

1937년 독일의 과학자 탈하이머(Wilhelm Thalheimer, 1884~1961)는 소시지를 만들 때 사용하는 셀로판으로 만든 주머니 속에 개의 피를 넣고 이를 등장액(等張液: 삼투압이 서로 같은 두 용액)에 넣어 개의 혈액 속에서 용질이 발견되는 것을 보고했다. 이 셀로판 막은 두

● 콜프
네덜란드 출신 내과의사인 콜프는 회전 드럼 투석기를 개발해 신부전 환자의 혈액투석에 성공했다.

께가 일정하고 질기며 대량으로 생산할 수 있어 값이 저렴했다.

제2차 세계대전 말인 1943년에 네덜란드의 콜프(Willem Kolff, 1911~2009)는 셀로판 막을 사용한 회전 드럼 투석기를 개발했다. 이후 스웨덴의 앨월(Nils Alwall, 1904~1986)은 최초의 초여과 조절 투석기를 소개했다. 그는 콜프의 드럼을 바로 세운 수직 드럼 투석기를 고안했는데, 이 투석기는 드럼이 고정되어 있고, 투석액이 드럼 주위로 흐르도록 만들었다. 1948년 피셔만과 크룹은 콜프의 회전 드럼 투석기를 이용해 수은 중독으로 인한 급성 신부전 환자에게 여섯 시간 동안 투석을 시행한 결과 여덟 시간 후에 소변이 나오기 시작했다.

1948년 콜프의 회전 드럼 투석기를 사용하기 편리하게 개조한 콜프-브리검 투석기가 임상에서 사용되었다. 바로 이 투석기가 한국전쟁 때 도입되어 미군에게 쓰였다.

전상자들에게 급성콩팥손상이 발생했을 때 사망률이 높다는 것은 제2차 세계대전 때부터 알려진 사실이다. 한국전쟁 때 부상으로 인한 실혈과 순환 혈액량의 감소뿐만 아니라 등줄쥐가 옮기는 한탄바이러스에 의한 유행성출혈열로 급성콩팥손상이 빈번히 발생했다. 급성콩팥손상의 사망률은 80~90%에 달했다. 높은 사망률 때문에 미8군의 제11후송병원에 '콩팥센터'가 생겼다. 월터리드 육군병원의 테스칸(Paul Teschan, 1923~) 박사가 한국에 오고 곧이어 워싱턴으로부터 콜프-브리검 투석기가 도착했다. 혈압은 유지되지만 소변량이

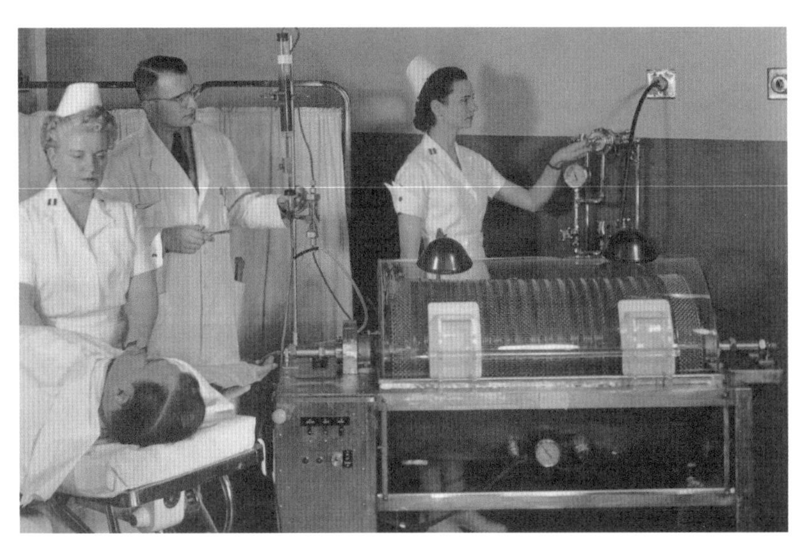

● 콜프-브리검 투석기

한국전쟁 때 테스칸 박사는 콜프의 회전 드럼 투석기를 개조한 '콜프-브리검 투석기'를 들여와 한국에서 처음으로 사용했다.

적은 환자는 이동외과병원으로부터 콩팥센터로 후송되었다.

이 투석기를 처음 사용한 때가 1952년이었으니, 콩팥센터의 팀원들이 이 기계의 사용법을 배워 환자에게 적용한 것은 매우 놀랄 만한 일이었다. 각 환자에게 투석기를 사용할 때 처음부터 끝까지 의료기사, 의사, 간호사가 곁에서 지켜보았으며, 31명의 환자에게 72회 사용했다.

당시 급성콩팥손상 환자에게 사용하던 보존적 치료는 수액 균형을 감시하고, 나트륨 섭취를 제한하며, 칼륨 섭취는 최소한으로 하고, 근육 손상으로 인한 요소 생성을 줄이기 위해 단백질 없는 고열

량식을 공급하는 것이었다. 혈액투석을 포함한 이 같은 치료는 사망률을 87%에서 53%로 낮추었으며, 투석이 필요한 중환자들은 약 70%의 사망률을 보였다. 당시 투석의 적응증(適應症: 약제나 수술에 의해 치료 효과가 기대되는 병이나 증상)은 생존을 위협하는 고칼륨혈증이나 고요소혈증이었다.

테스칸 박사는 혈중 요소치가 200mg/dl이 넘으면 '예방적 투석'을 시행할 것을 제안했다. 나중에 메릴(John Putnam Merrill, 1917~1984)이 이를 받아들여 지금까지도 보존적 요법에 부가적으로 사용되고 있다.

한국전쟁에서 투석을 경험한 뒤 1950년대 말에 의사들은 급성콩팥손상뿐만 아니라 초보적인 콩팥 이식 프로그램에서도 이를 시도했다. 전쟁이 의술의 발전을 가져온 것이다.

4 헬기의 등장과 마취술의 발달

✚ 헬기를 이용해 골든타임을 확보하다

1957년 『한국일보』 신춘문예에 발표된 하근찬의 소설 「수난이대」에는 제2차 세계대전과 한국전쟁 때 팔다리를 잃은 아버지와 아들의 모습이 잘 묘사되어 있다. 일제 강점기 말 강제 징용되어 비행장을 닦는 노역을 하다가 한쪽 팔을 잃은 아버지는 한국전쟁에서 한쪽 다리를 잃고 나타난 아들을 보고 깜짝 놀란다. 집으로 돌아오는 길에 외나무다리를 만나자 다리가 성한 아버지가 팔이 성한 아들을 등에 업고 다리를 건너는 장면이 매우 인상적이다.

제2차 세계대전 때는 팔다리 동맥에 손상을 입으면 혈관을 묶는 것이 주된 치료 방법이었다. 하지만 혈관을 묶으니 피가 공급되지 못해 조직이 썩는 괴저(壞疽)가 발생했다. 전투 중 동맥이 찢긴 경우라도 손상을 입은 뒤 10시간 이내에 수술실까지 올 수 있는 경우가 거의 없었으므로, 당시에 동맥을 봉합하거나 정맥이나 바이탈리움 도관으로 이식하는 수술의 성공률은 매우 낮았다.

반면 한국전쟁 때 부상병을 헬기로 이송하기 시작해 손상을 입은 지 몇 시간 안에 수술을 받을 수 있게 된 것은 획기적인 변화였다. 이때부터 동맥을 이식하는 방법이 더욱 발달해 손상된 동맥의 복구까지 가능해졌다.

● 한국전쟁 당시 미군 헬기
한국전쟁 때 미 공군 헬기인 시콜스키 H-5는 부상자를 신속하게 이송하는 데 이용되었다.

미 해병대 휴즈 중령은 1952년 4월부터 1953년 정전에 이르기까지 304건의 주된 동맥 손상을 수술했는데, 그중 269개는 복구했고 35개는 묶어야 했다고 보고했다.

팔다리의 동맥이 손상되어 복구한 경우 제2차 세계대전 때는 36%의 환자가 팔다리를 절단했으나, 한국전쟁 때는 13%만 절단했다는 큰 차이를 보인다. 하지만 한국전쟁에서도 부상당한 직후 손상된 동맥을 묶어버린 경우에는 51.4%의 높은 절단율을 보였다. 한국전쟁에서는 손상에서부터 수술까지 걸리는 시간을 평균 9.2시간으로 단축해 10시간 이상 지연되는 경우보다 좋은 결과를 얻을 수 있었다. 수술 방법으로 나누어 살펴보면, 손상 부위를 잘라내고 다시 연결했을 때 가장 좋은 결과를 보였고, 다음으로는 자가 정맥 이식 때 결과가 좋았으며, 자가 동맥 이식이 가장 나쁜 결과를 보였다.

다시 말해, 한국전쟁 때 헬기를 이용한 환자 후송 체계의 발전과 혈관 수술 기법이 발전해 팔다리 동맥 부상 환자가 다리나 팔을 잃지 않게 되었고, 현대 혈관외과도 발전하게 된 것이다.

우리나라에서는 2016년부터 '군 원격의료시스템'이 가동되고 있다. 스마트폰을 기반으로 음성 통화, 화상 통화, 위치 전송이 가능하고 의무사의 의료종합상황센터와 군병원의 응급실과도 연결 가능한 애플리케이션, 일명 '응급환자 신고 앱'도 개발되었다. 강원도 산간 지역에서 환자 발생 시 지휘관의 휴대전화로 '응급환자 신고 앱'을 통해 센터와 연락하면 상황실에서는 환자의 환부도 볼 수 있고,

의무 헬기 '메디온(MEDION)'이 출동해 접근하는 위치도 볼 수 있다. 국군수도병원 응급실에는 군의관과 간호장교가 늘 대기하고 있다. 부상자가 발생하면 헬기를 띄워 환자에게 접근한다. 그리고 응급구조사가 하강해 환자를 헬기로 올려보낸다. 의무 헬기 메디온은 응급 구조 장비를 갖추고 있으며, 빠르면 한 시간 늦어도 두 시간 이내에 국군수도병원에 도착한다.

군 외상센터는 2017년 착공해 2020년 완공되고 8대의 메디온 헬기가 완비되면 부상자의 후송이 '골든타임' 안에 이뤄질 것이다. 외상센터를 이끌어갈 훌륭한 전문 의료 인력이 갖춰지면 부상자들의 생명을 구할 수 있을 뿐 아니라 신체 기능과 삶의 질까지 향상시킬 수 있을 것이다.

✚ 표준 마취법이 확립되다

대부분 큰 수술을 받는 환자는 전신마취를 한다. 전신마취는 마취제를 투여해 중추신경 기능을 억제함으로써 의식과 온몸에 지각이 없어지도록 하는 마취 방법이다. 그런데 흥미롭게도 현재 우리가 사용하는 표준 마취법도 한국전쟁 때 확립되었다고 한다. '마취'의 역사를 살펴보면 생각보다 오래되지 않았다.

1842년에 미국의 롱(Craward Williamson Long, 1815~1878)이 처

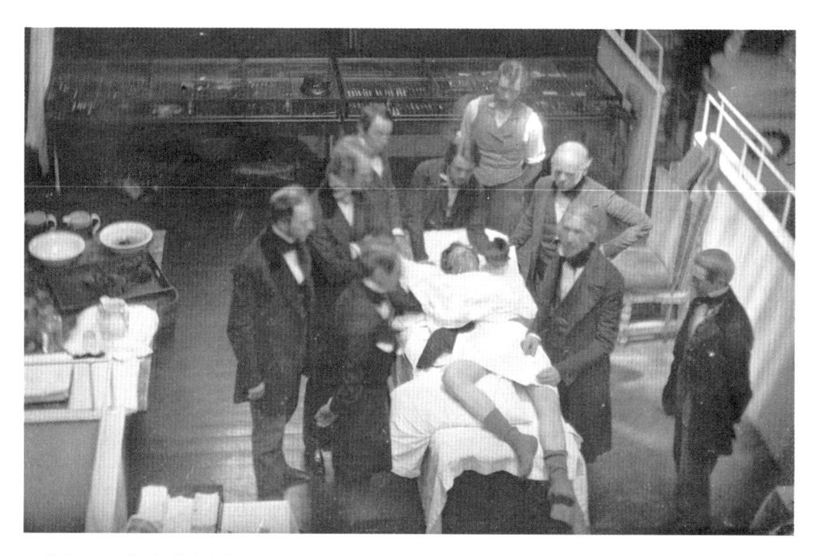

● 최초로 공개된 전신마취 수술
1846년 미국의 치과의사 모턴은 최초로 공개적인 자리에서 환자를 에테르로 전신마취한 뒤 종양 제거 수술을 성공시켰다.

음으로 에테르를 이용해 환자를 마취한 상태에서 수술을 해 성공했지만 외부에 발표하지는 않았다. 1846년 모턴(William Morton, 1819~1868)은 많은 사람이 지켜보는 가운데 전신마취로 종양 제거 수술을 성공시켜 명성을 얻었고, 3년 뒤인 1849년 자신의 마취 결과를 발표했다. 1844년에는 아산화질소를 마신 상태에서 자신의 이를 뽑은 치과의사 웰스(Horace Wells, 1815~1848)가 공개 시연에 실패했다. 코나 입을 통해 마취제를 흡입시켜 전신을 마취하는 흡입 마취제는 마취 유도와 회복이 빠르고, 약제 자체가 안정적이며, 여러 장기에 대한 독성이 없는 방향으로 개발되었다.

그중에서도 지금 우리가 사용하는 표준 마취법은 한국전쟁 때 확립되었다. 즉, 이때부터 흡입마취를 시작하기 전 소량의 진정제를 투여하는 방법을 쓰기 시작했고, 이전까지 사용하던 클로로포름과 에테르는 심장의 박출량을 감소시키므로 더 이상 사용하지 않고 대신 아산화질소가 널리 쓰이게 되었다.

마취를 시작할 때 작용 시간이 짧은 수면제 티오펜탈을 사용하기 시작했는데, 이것이 바로 숨을 크게 쉬면 '스스르' 잠이 드는 그 약이다. 하지만 호흡 억제 작용이 있으므로 매우 조심스럽게 사용했다. 환자가 잠이 들면 기관 내 삽관을 해 흡입마취제를 투여하는데, 삽관을 쉽게 하려고 튜보큐라린이나 석시닐콜린 같은 근육이완제를 사용하기 시작한 것도 한국전쟁 때부터다. 목의 근육이 이완돼야 후두경으로 들여다볼 때 기도가 잘 보여서 삽관이 쉽다.

응급실에서 기도를 유지하기 위해 급하게 기관 삽관을 시행하는 경우에는 근육이완제를 사용하지 않는다. 이때는 기도의 시야 확보가 쉽지 않아 애를 먹는다. 그래서 이를 통상적으로 기관 삽관을 말하는 '인튜베이션(intubation)' 대신 '억지로'라는 뜻을 가진 접두사 '생'을 붙여 비공식적으로 '생튜베이션'이라 부르기도 한다. 환자가 불편함을 느끼는 건 두말할 나위도 없다.

5 전장에서 꽃피운 희생적 인술

목숨 바쳐 인술을 펼친 군의관들

우리나라 국군의 의무 편제는 영국이나 미국과 비슷하다. 각 소대에는 의무병이 한 명씩 있고, 중대에는 의무 부사관이 한 명, 대대에는 군의관 한 명과 의무병 두세 명이 배치된다. 한국전쟁 때도 군의관과 의무병은 전투병들과 함께 있었다. 제네바협약에 따르면, 적군이라도 의무병, 의무 부사관, 군의관 등 의무 요원은 공격하면 안 된다. 그러나 다친 아군을 구하기 위해 이리저리 뛰어다녀야 하는 이들은 총탄과 파편을 맞고 다칠 확률이 전투병보다 절대 낮지 않다.

기록에 보면, 한국전쟁에서 미 육군 의무병은 수많은 동료의 목숨을 구했지만, 정작 그들은 3,270명이 부상당했고, 830명이 전사했다. 미 해군 의무병도 108명이 전사했다. 나중에 미 육군에서는 세 명(두 명은 사후 추서)이, 미 해군에서는 다섯 명(네 명은 사후 추서)이 명예 훈장을 받았다. 군의관도 의무병과 다를 바 없다.

나는 두 전몰 군의관의 추모비를 본 적이 있다. 강원도 홍천에서 인제 쪽으로 44번 국도를 따라가다 보면 갈색 표지판이 눈에 띈다. '줄 장-루이 추모 공원'이다. 공원에는 석대 위에 베레모를 쓴 군인의 동상이 서 있는데, 총 대신 왼쪽 어깨에 배낭을 메고 있다. 그가 바로 장-루이(Jules Jean-Louis, 1917~1951) 소령이다.

● 장-루이 소령 동상
줄 장-루이 추모 공원에는 베레모를 쓰고 총 대신 어깨에 배낭을 메고 있는 장-루이 소령 동상이 서 있다.

프랑스 앙시베시 출신의 장-루이 소령은 1951년 11월 26일 한국전쟁에 참전해 남성리전투, 지평리전투, 1037고지전투 등 5개 지역 전투에서 이동병원의 의무대장으로 부상병을 치료하고 주민의 질병까지 진료했다. 1951년 5월 8일 홍천군 장남리 전투에서 한국군 부상병 두 명을 구출했지만, 정작 본인은 지뢰를 밟아 서른셋 젊은 나이에 전사하고 말았다. 홍천군은 지난 1986년 한·불 수

교 100주년과 장-루이 소령 산화(散花) 35주년을 맞아 그의 전사지에 추모 공원을 조성했다. 어깨에 배낭을 메고 전장을 누비며 인술을 베풀었던 그의 모습이 눈앞에 선명히 보이는 것 같았다.

한국전쟁 중이던 1950년 11월 유엔군은 거제도 신현읍 일대에 포로수용소를 세워 북한군 포로와 중공군 포로를 수용했다. 1999년 포로수용소 유적관이 개관하고, 2002년 유적 공원이 준공되었다. 의무시설로는 포로수용소의 경비병과 포로의 의무 관리를 위해 설치된 64야전병원이 재연되어 있다.

미국 메릴랜드주 하포드 출신의 미 해군 군의관 마틴(Gerald Arthur Martin, 1922~1951) 중위는 1091함대 역학 관리팀 소속으로 64야전병원에 근무했다. 그는 한국 K-9 공군기지에서 일본 다치카와 공군기지로 가던 도중 C-46D 수송기가 다네자와산에 추락해 스물아홉에 산화했다. 나는 1983년 3개월간 거제기독병원에서 공중 보건의로 근무했는데, 그때는 허름한 비석 하나만 있었지만 지금은 정성스레 안내판이 세워져 있다.

한국전쟁 당시 고국에서 수만 리 떨어진 동양의 작은 나라에 와서 인술을 펼치다 꽃다운 나이에 전사한 프랑스와 미국 출신 두 군의관을 생각하면 가슴이 먹먹해진다. 한국전쟁에서 군의관과 의무병들이 목숨 바쳐 베푼 희생적 의술(인술)은 세월이 흘러도 잊히지 않을 것이다.

✚ '팔다리보다 생명이 우선한다'

1970년 도널드 서덜랜드 등이 주연하고 로버트 알트만이 감독한 〈매시(MASH)〉라는 영화가 있다. 1972년부터 1983년까지 같은 이름으로 TV 드라마 시리즈가 방영되기도 했다. 이 영화는 한국전쟁 중에 경기도 의정부에 있었던 4077이동외과병원이 주 무대로, 이곳에 근무하는 의료진의 이야기를 다룬 블랙 코미디다.

한국전쟁에서 나타난 군 의료의 혁신적 변혁을 들라면 의료 후송 목적의 헬기 사용과 전장에서 가능한 한 가까이 있으면서 높은 수준의 외과적 치료를 제공한 '이동외과병원'을 꼽을 수 있다.

열 개의 이동외과병원이 미군 4개 사단(각 사단 병력 1만 5,000~2만 명)을 지원했다. 한국전쟁 중 이동외과병원에서 얻은 경험들이 구급 처치, 외상 처치, 환자 이송, 혈액 저장과 분배, 환자 분류와 후송에 발전을 가져왔다.

전쟁 초기에는 동북아의 미군병원에서 근무한 경험이 있는 군의관이 매우 적었다. 미8군 군의관 도벨 대령이 급히 이동외과병원에 파견되었다. 이동외과병원들은 신속히 배치되어 험준한 한국 지형에 적응했다. 유명한 제1기갑여단을 지원하는 8064이동외과병원이 처음으로 한국에 들어왔고, 이어 8076이동외과병원이 부산에 배치되었다. 이동외과병원은 밀려드는 환자들 때문에 미 육군의 기본 '분류와 허용량 기준표'를 급히 고쳐야했다. 차량, 천막, 장비 등도

● 영화 〈매시〉 포스터
〈매시〉는 한국전쟁 중 경기도 의정부의 4077이동외과병원에서 근무한 의료진의 이야기를 다룬 영화다.

추가해 입원 병상을 60개에서 200개 이상으로 늘렸다.

1951년에 8063이동외과병원이 처음으로 헬기를 이용해 전상자를 후송했다. 벨 사(社)의 'H-13 수(Sioux)'가 의무 후송용 기본 헬기였다. 헬기 밖의 활주부에 환자 두 명을 실을 수 있었다. 따라서 이동 중에는 치료가 제한되었다. 1953년에는 전상자를 운반하는 데 전문 조종사를 따로 배치했다. 헬기를 이용한 후송은 이전의 전쟁에서보다 한국전쟁에서 사망률을 극적으로 낮췄다(제1차 세계대전 8.5%, 제2차 세계대전 4%, 한국전쟁 2.5%).

'환자 분류 체계'는 이전부터 있었지만, 한국전쟁에서 상당한 변

● 의무 헬기 H-13 수
이동외과병원에서 사용한 의무용 헬기로 지금은 용산 전쟁기념관에 전시되어 있다. 한국전쟁에서는 헬기로 부상자를 후송해 이전보다 사망률을 극적으로 낮췄다.

화가 생겼다. 환자 분류는 대대 구호소(1개 대대는 1,000명 이하)에서부터 시작되었다. 여기서 간호사나 일반 군의관이 부상병을 후송할 것인지, 치료 후 복귀시킬 것인지 결정했다. 이동외과병원으로 후송된 환자는 부상의 정도와 혈 역학적 상태에 따라서 다시 분류되었다. 결과적으로 경험 많은 인력이 대대 구호소에 배치되어 단순한 구급 처치, 지혈대 사용, 가슴관 삽입 등을 실시했다. 수술이 필요하거나 위급한 환자는 헬기를 이용해 이동외과병원으로 후송되었다. 이동외과병원에서 환자 분류 의무장교, 간호사, 군의관이 각 부상병을 평가해 가장 위급한 환자부터 수술을 시행했다.

부상병이 너무나 많이 밀려들었기 때문에 중상을 입고 살아날 가망이 없는 환자들은 보존적 치료만 시행하기도 했다. 신경외과, 성형외과 처치가 필요하거나 혈액투석이 필요한 환자는 각 특수 센터로 후송되었다.

이동외과병원의 환자 분류는 다음과 같은 격언의 정신을 존중해 만들어졌다.

> 팔다리보다 생명이 우선하며, 해부학적 결함보다 기능이 우선이다.

60여 년이 지난 지금 생각해도 공감되는 말이다. 어려운 환경에서 인술을 펼치기 위해 고군분투한 선배 군의관들에게 저절로 고개가 숙여진다.

✚ 20개국 200만 장병의 상처를 보듬다

한국전쟁 당시 국군의 의무 지원 능력은 턱없이 부족했고, 민간 시설을 이용하기도 곤란해 전상자 진료에 어려움이 많았다. 1950년 7월 대구에서 야전 의무단이 창설된 이후 부산 제5군병원에 수용된 환자를 분산시키기 위해 1950년 9월 경주(제15), 안동(제18), 울산(제28) 등지에 육군병원이 세워질 정도였다. 참전한 16개국 외에 5개국이 의료 지원단을 파병했는데, 스칸디나비아 3개국인 스웨덴, 덴마크, 노르웨이는 각각 적십자 야전병원, 적십자 병원선, 이동외과병원을 파견했다.

그중 중립 노선을 표방한 스웨덴은 유엔 안전보장이사회의 1950년 7월 7일 결의에 따라 7월 14일 유엔 사무총장에게 "한국에 전투력을 파병하는 것은 불가능하며 대신 스웨덴이 인력과 비용을 부담하는 야전병원을 남한에 파견하겠다"고 통보하고 야전병원 파견 준비를 스웨덴 적십자사에 위임했다. 8월 초에 유엔군은 부산 교두보를 지키기 위해 낙동강 방어선에서 치열한 전투를 치르고 있었다. 이 수세(守勢)의 지연작전으로 전선에서는 수많은 부상자가 발생했다.

스웨덴 적십자 야전병원에 자원한 600명 중 선발된 176명이 인천 상륙 작전(9월 15일)이 이루어진 직후인 9월 23일 부산에 도착해 25일부터 환자를 진료하기 시작했다. 이때 부산은 전선에서 불과 50~100km 떨어진 거리에 있었다. 부산상업고등학교에 병동 2개, 병실 16개, 그리고 진찰실과 수술실 등을 갖춘 야전병원이었다. 운동장에는 간호사 기숙사, 입원실, 식당 등의 조립식 퀀셋을 세웠다. 개원 시 200개 병상 규모로 92명의 의료진, 76명의 행정직, 목사 1명을 포함한 총 169명의 스웨덴인이 근무했고, 200여 명의 한국인이 청소부, 잡역부, 세탁부, 경비원 등으로 일했다.

이때는 인천 상륙 작전 후 서울을 수복하고 낙동강 전선을 방어하던 한국군과 유엔군이 반격할 때였다. 많은 부상병이 부산으로 유입되어 10월 초에는 400개 병상으로, 이후 600개 병상으로 증설되었다.

야전병원은 본래 전선에 가까운 후방에 설치하는 임시 병원으로 전쟁 상황에 따라 이동한다. 그러나 스웨덴 적십자 야전병원은 철수할 때까지 계속 부산에 남아 있었다. 유엔군의 북진에 따라 전선에 가까운 함경남도의 흥남과 원산으로 이동할 계획이었지만, 중공군의 참전과 유엔군의 후퇴로 최후방에 남게 된 병원은 야전병원에서 후송병원으로 기능이 바뀌었다. 전상병들은 항공편이나 열차편으로 부산으로 후송되어 이 병원에 입원했고, 그중 상태가 위중한 부상병들은 항공기와 선박으로 일본이나 미국으로 후송되었다.

● 스웨덴 의료 지원군 기념비

1950년 낙동강 전선에서 치열한 전투가 벌어질 때 스웨덴은 부산에 야전병원을 설립해 부상자들을 진료하기 시작했다. 사진은 부산 서면 롯데백화점 근처에 있는 한국전쟁 스웨덴 의료 지원군 기념비다.

1953년 7월 27일에 휴전협정이 체결되자 스웨덴 적십자 야전병원은 '부산 스웨덴 병원'으로 이름을 바꿨다. 이후 1957년 4월에 한국을 떠날 때까지 스웨덴 병원이 부산에 체류한 6년 6개월 동안 1,124명의 스웨덴인이 일했고, 20개국 국적의 200만 명 이상의 환자를 진료했다. 전후 열악한 한국의 의료 환경에서 부산 스웨덴 병원은 수준 높은 의료를 제공했다. 지금은 기념비만 남아 있지만, 진흙 같은 전쟁통 속에서 연꽃 같은 의술을 꽃피웠던 것이다.

스웨덴, 덴마크, 노르웨이 3개국은 정전 후에 철수하게 되었다. 하지만 한국 정부는 국내 의료 환경이 열악하므로 스칸디나비아 3개국의 의료진이 계속 진료해달라고 요청해, 스칸디나비아 3개국, 유엔 한국 부흥 위원회(UNKRA: United Nations Korean Reconstruction Agency)와 한국 정부가 협력해 스칸디나비아 교육 병원을 짓기로 합의해 지금의 국립의료원이 건립되었다.

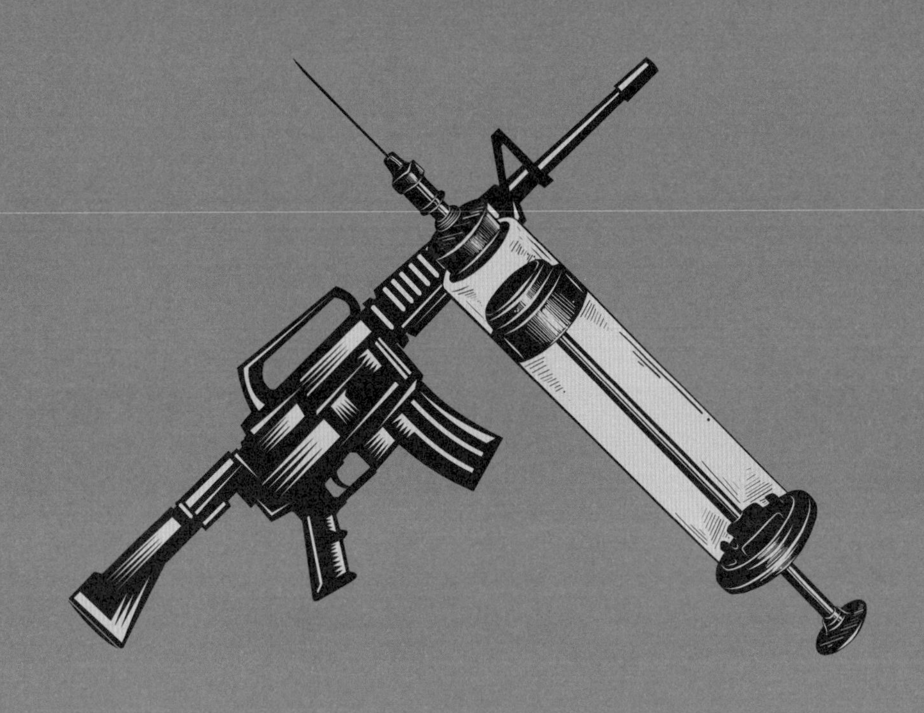

제5부

베트남전쟁과 그 이후 : 화학무기·병균과의 전쟁을 치르다

1 베트남전쟁과 고엽제 피해

인류사에 큰 오점을 남긴 베트남전쟁

전쟁은 모두 재앙이지만 무엇보다 베트남전쟁은 인류사에 큰 오점을 남겼다. 우리나라도 1964년 처음 파병한 이래 1973년 철수할 때까지 32만 명이 넘는 한국군이 베트남으로 건너갔다. 이들 가운데 5,000여 명은 전사했고, 1만 명 이상이 전후에도 고엽제로 고통받았다. 베트남 민간인들도 고엽제로 수없이 죽어갔다. 이는 고엽제의 위험성을 널리 알리는 계기가 되었다.

베트남에서는 제1차 세계대전 이후 프랑스의 식민지 지배에서 벗어나기 위한 독립운동이 전개되었다. 프랑스는 베트남의 독립을 인정하지 않아 1946년 제1차 인도차이나전쟁을 일으켰고, 1954년까지 9년 동안이나 전쟁이 지속되었다. 그해 7월 제네바에서 휴전협정이 열려 북위 17도선을 경계로 베트남은 남과 북으로 분단되었다. 제1차 인도차이나 전쟁이 끝난 이후 미국은 남베트남이 공산화되도록 놔두면 인도차이나반도에서 자본주의 국가들이 도미노처럼 공산화되고 말 것이라 우려해 남베트남을 보호하는 데 적극적으로 나섰다.

1955년 미국의 지원을 받아 남베트남(베트남공화국)의 초대 대통령이 된 응오딘지엠(吳廷琰, 1901~1963)의 농지 회수에 반발한 봉기

● 고엽제를 살포하는 미군 비행기
미군은 비행기나 헬리콥터를 이용해 밀림 지대에 숨어 게릴라전을 펼치는 베트콩을 토벌하기 위해 고엽제를 살포했다.

에 베트민(베트남 독립 동맹)의 구성원들이 합세해 1950년대 중반에는 '베트콩(남베트남 민족 해방 전선)'이라는 게릴라 조직이 되었다. 이렇게 시작된 남베트남과 베트콩의 전쟁은 남베트남과 북베트남의 전면전으로 확대되었다.

한편 베트남전쟁은 끝없이 우거진 밀림과의 전쟁이기도 했다. 밀림이나 지하 벙커 속에 숨은 베트콩을 토벌하기 위해 미군은 네이팜탄과 고엽제를 사용했다. 네이팜탄은 순식간에 수천 도의 화염을 일으켜 주위를 잿더미로 만드는 폭탄으로, 현재는 비인도적인 무기로 분류되어 사용할 수 없다. 고엽제는 미군이 베트남전쟁에서 밀림을 없애 베트콩의 은신처를 찾아내려고 뿌린 제초제다. 미국은 1962년부터 1972년까지 총 1,900만 갤런의 고엽제를 베트남전쟁에 사용한 것으로 알려져 있다.

고엽제의 명칭은 드럼통에 두른 띠의 색깔에 따라 에이전트 오렌지, 에이전트 화이트, 에이전트 블루 등으로 불렸다. 이 중 에이전트 오렌지가 살포약 중에서 67%로 가장 많은 비중을 차지해 고엽제의 대명사가 되었다. 미국은 이 고엽제 살포 작전을 '오렌지 작전'이라 부르기도 했다. 참고로 에이전트 오렌지는 2, 4, 5-T(2, 4, 5-trichlorophenoxyacetic acid)와 2, 4-D(2, 4-dichlorophenoxyacetic acid)가 동량 혼합된 물질이다.

✚ 고엽제의 심각한 후유증

당시 사람들은 처음에 인체에 해가 없는 줄 알고 모기에 물리지 않기 위해 고엽제가 뿌려진 곳에 몸을 집어넣었다고 한다. 상상만 해도 끔찍한 일이다. 식물을 철저히 고사시키는 물질이 사람에게 해롭지 않을 리 없었다.

1969년부터 동물 실험에서, 2, 4, 5-T계 제초제를 합성할 때 들어가는 초미량의 불순물인 다이옥신이 인체에 들어가면 5~10년이 지난 뒤 각종 암과 신경마비를 일으킨다고 보고되기 시작했다. 다이옥

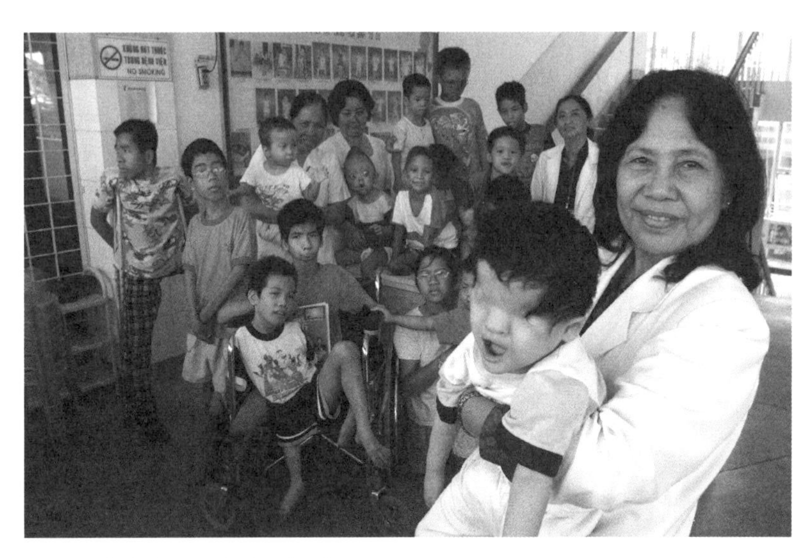

● 고엽제의 후유증으로 태어난 기형아들
베트남전쟁 당시 미군이 살포한 고엽제의 후유증으로 지금도 베트남에서는 매년 수만 명의 선천성 기형아가 태어나고 있다.

신은 0.15g만으로도 사망에 이를 수 있으므로 청산가리의 1만 배, 비소의 3,000배에 이르는 독성을 가진 것이다. 이 독소는 분해되지 않고 체내에 축적되어 10~25년이 지난 뒤에도 각종 암과 신경계 손상을 일으키며 기형을 유발하고 독성이 유전되어 2세에까지 피해를 끼치는 무서운 약물이다.

신체 조건에 따라 5년에서 10년 이후에 발병하는데, 감염 증세로는 얼굴과 피부에 붉은 반점이 생기거나, 피부 및 근육이 종기처럼 군데군데 부어오르며, 소화불량, 기억상실, 호흡장애, 정신이상 등이 발생한다. 각종 암, 전신마비, 졸도, 심장마비, 기형아, 정신착란, 무력증 등을 일으키기도 한다.

1971년에는 다이옥신 성분이 함유된 제초제 살포가 중지되었다. 이후 유엔은 고엽제를 '제네바의정서'에서 사용을 금지한 화학무기로 분류하고, 베트남전쟁 이후 고엽제의 사용을 감시하고 있다.

고엽제의 후유 장해가 드러나자 1979년 미국 베트남 재향군인 오렌지 희생자회는 에이전트 오렌지 제조 회사인 다우케미컬 등 7개 업체를 대상으로 집단 손해배상 소송을 제기했는데, 1984년 재판이 열리기 직전, 제조사는 피해자와 가족에게 기금을 주기로 합의했다.

우리나라에서는 1997년 고엽제 후유증 환자 등에 대한 보상과 고엽제에 관한 연구에 필요한 사항을 정한 '고엽제 후유의증 환자 지원 등에 관한 법률(제5479호)'이 통과되었다. 법률에 따라 베트남전쟁에 참전하고 전역한 사람과 고엽제 후유증 환자의 자녀가 국가보

훈처장에게 등록을 신청하면, 보훈 병원의 검진을 거쳐 보훈 심사 위원회의 심의·의결로 적용 대상자를 결정하고 등록한다.

고엽제 후유증 환자로 결정·등록된 자에게는 신체검사 결과에 따라 국가유공자 등 예우 및 지원에 관한 법률에 따른 보상이나 의료 보호를 행하게 되어 있다. 국가는 고엽제 후유증 환자·고엽제 후유의증 환자 및 그 가족의 생활 안정과 복지 증진을 위한 사업을 수행하는 법인에 대해 보조금을 교부할 수 있고, 검진 비용, 진료 비용, 자료 조사, 역학 조사 및 연구에 드는 비용은 국가가 부담하도록 되어 있다.

1953년 설립된 한국보훈병원은 국가 유공자 중 베트남 참전 고엽제 환자에 대해 각별히 신경을 쓰며 예우를 다하고 있다. 인간의 질병이나 불행이 한 개인에게만 종속된 것이 아니라 사회와 국가, 나아가 전 인류의 몫임을 알려준 고엽제를 통해 오히려 의술은 한 발짝 더 앞으로 나아갔다고 할 수 있다.

2 베트남전쟁과 군의관의 활약

✚ 베트남전쟁에서 'MUST'가 첫선을 보이다

베트남전쟁은 제2차 세계대전이나 한국전쟁과는 확연히 달랐다. 베트콩의 게릴라 작전으로 전쟁 철학이 달라졌으며, '전선(戰線)'이라는 개념도 불분명해졌다. 지휘본부에서는 전선을 따라 이동하는 '이동외과병원'이 꼭 필요하다고 생각하지 않게 되었다. 대신 반영구적이며 시설이 완비된 병원을 마련했다.

'시설완비운반가능의료단위(MUST: Medical Unit Self-Contained Transportable)'는 베트남전쟁에서 첫선을 보였다. 공기 주입식 병실이 있는 확장형·가동형 병원이었다. 방사선실, 검사실, 약국, 치과, 주방등을 확장할 수 있었다.

타이닌 소재 MUST였던 제45외과병원은 1966년 11월 박격포 포격을 받았고, 병원장 우라텐 소령이 사망했다. MUST는 이후 인근으로 옮겨졌다. 재차 박격포에 맞았지만 다행히 중상자 없이 수습되었고 계속 임무를 수행할 수 있었다.

베트남전쟁 초기에 MUST는 반영구적으로 주둔했지만, 1968년부터는 이동하며 임무를 수행했다. 전통적으로 이동외과병원이 수행하던 임무를 맡게 된 것이다.

● 시설완비운반가능의료단위

MUST는 베트남전쟁에서 처음 등장한 공기 주입식 병실을 가진 확장형·가동형 병원이다. 전통적으로 이동외과병원이 수행하던 임무를 맡았다.

베트남전쟁에서는 소수의 이동외과병원이 활동했다. 그중 제2이동외과병원의 활약이 두드러졌다. 1966년 10월부터 이듬해 7월까지 9개월간 이 60개 병상의 병원에서 1,011차례의 수술이 이루어졌다. 이전 10년간 외과적 처치법의 발전에 따라 고속 부상(high-velocity wounds), 혈관 손상, 창자 손상, 화상에 대한 치료 방법이 한국전쟁 때와 달라졌고, 항공기를 이용한 후송의 발달로 부상자의 사망률이 줄어들었다.

MUST와 이동외과병원의 군의관들은 전상자 처치 방법, 특히 상처 치료와 화상 치료의 혁신에 기여했다. 군의관들은 미사일로 인한 환자의 상처는 바로 봉합하지 않고 상처가 깨끗해지면 봉합하는 '지연 일차 봉합'을 시행했다. 혈관 수술도 발달했고, 헬기 후송(평균 이송 시간은 두 시간)으로 사지 절단율이 8%로 낮아졌다. 둔탁한 물체에 복부를 맞거나 폭발 손상을 입었는데 복부 내 손상이 확실하지 않은 경우에는 시험개복술을 자주 시행했다.

화상 처치도 발달했다. 군의관들이 설파밀론크림를 화상에 사용해 환자의 통증을 줄였고, 화상에서 수액 요법의 중요성을 깨닫기 시작했다. 이들의 노력으로 한국전쟁보다 베트남전쟁에서는 화상 환자의 사망률이 50%나 감소했다. 인산 화상에서 '죽은조직절제술'을 광범위하게 시행하는 것이 중요하다는 사실도 알게 되었다.

수술 후 수액소생술의 중요성을 인식해 혈액, 혈장, 저분자량 덱스트란, 결정질 용액이 모두 사용되었다. 평형염액은 실혈성 쇼크 환자에게서 세포 외질을 다시 만들기 때문에 수액소생술에 꼭 필요하다는 것을 베트남 다낭에 주둔한 해군지원연구소의 연구 결과 밝혀졌다. 혈액이나 결정질 용액을 운반하는 데는 유리병보다 플라스틱 백이 더 효과적이었다.

몇몇 부상병에게는 중심정맥도관을 빗장뼈 밑으로 삽입해 혈액이나 고농도의 수액을 효과적으로 투여했다. 표준화된 압력계로 중심정맥압을 계측했고, 동맥혈가스(ABG: Arterial Blood Gas)를 연속적으로 측정하기 위해 동맥도관을 삽입했다.

베트남전쟁 중에 미군의 MUST와 이동외과병원에서 군의관 등 의료진의 노력으로 의술이 눈부시게 발전한 것이다.

✣ 열 명 중 네 명이 죽는다는 '다낭의 폐'

남북으로 길게 뻗은 베트남의 허리 부위에 있는 다낭은 하노이, 호찌민 등과 함께 5대 중앙직할시 가운데 하나다. 인천공항에서도 직항편이 있을 정도로 우리나라 사람들이 즐겨 찾는 휴양도시기도 하다. 나이 든 세대는 '다낭'이라는 지명을 베트남 파병 첫 전투부대인 '청룡부대'가 1965년 10월부터 주둔한 지역으로 기억할 것이다.

베트남은 당시 북위 17도선을 중심으로 남쪽의 자유 월남과 북쪽의 공산 월북으로 나뉜 상태였다. '큰 강 입구'라는 뜻을 지닌 다낭은

● 다낭에 상륙하는 미군
1965년 3월 미 해병 원정군이 남베트남 다낭의 해변에 상륙하고 있다. 베트남전쟁 기간에 다낭은 미군의 주둔지가 되었다.

17도선에서 남쪽으로 약 170km 떨어진 곳에 있다. 가장 많은 병력을 파병한 미군은 다낭을 통해 베트남에 상륙해 이곳을 공군기지로 삼았다.

미군을 비롯한 연합군은 독일, 일본, 이탈리아와 싸운 제2차 세계대전 때 전선에서 외상을 입은 환자들을 후방의 병원으로 이송해 수혈하고 수술하는 시스템을 개발했다. 하지만 제때 혈액이나 수액을 투여하지 못하면 급성콩팥손상(급성신부전)에 빠져 사망률이 높아진다는 것을 알게 되었다. 그래서 뒤이은 한국전쟁에서는 혈액투석기가 사용되었다. 베트남전쟁에서는 헬기를 이용해 더욱 빠른 환자 이송 시스템을 만들었다. 헬기는 부상자를 이동외과병원으로 신속히 이송해 급성콩팥손상에 빠지기 전에 수액을 투여하고 수혈을 받게

했다.

그러나 이때 군의관들을 혼란에 빠트리는 현상이 종종 일어났다. 심한 부상을 입고 출혈이 심해도 헬기로 급히 후송해 수액 치료 및 응급 수술을 받으면 회복될 줄 알았던 환자들이 알 수 없는 이유로 호흡곤란에 빠져 사망하는 것이었다. 처음에는 정확한 원인을 몰랐다. 이 현상은 발생한 지명을 따라 '다낭의 폐'라고 불렀다. 이전 전투에서는 환자 이송이 빠르지 못해 심한 부상을 입은 환자들은 병원에 도착하기도 전에 사망했기 때문에 이런 현상은 당시까지 보고된 바가 없었다.

군의관들은 '다낭의 폐'를 치료하기 위해 이뇨제를 사용했지만 별다른 효과가 없었다. 흉부 방사선 사진에 이상이 나타날 때면 이미 늦은 상태라서 환자의 증상을 보고 일단 임상적인 의심을 해서 진단을 내리는 수밖에 없었다. 이렇게 호흡곤란 증세를 보이는 환자들은 고농도의 산소를 흡입하는 표준 산소요법으로도 동맥혈의 산소 함량이 호전되지 않았다.

하더웨이 대령과 애쉬바우 박사가 호흡곤란, 산소 공급으로도 호전되지 않는 청색증, 흉부 방사선의 '양쪽 폐 침윤' 등 세 가지 징후를 보이는 환자에 대해 급성호흡곤란증후군(ARDS: Acute Respiratory Distress Syndrome)이라는 용어를 사용했다(1967). 이들은 동맥혈의 산소 함량(단위 부피당 혈액에 포함되어 있는 산소량)을 유지하기 위해 지속적 기도 양압(CPAP: Continuous Positive Airway Pressure)을 사용해 효과를 보았다.

'고농도의 산소를 공급해도 호전되지 않는 호흡곤란을 일으키는, 심장이 아닌 원인에 의해 급성으로 시작된 폐부종'인 급성호흡곤란 증후군은 지금도 약 40%의 사망률을 보이고 있다.

3 소련-아프간전쟁과 소련군의 감염병

✚ 소련, 아프간과의 전쟁에서 부상자 사망률 '뚝'

아프가니스탄은 중동 및 인도양으로 진출하려는 '소비에트 사회주의 공화국 연방(USSR, 줄여서 '소련')'에 지리적으로 매우 중요한 지역이었다. 그래서 소련은 제정러시아 시대부터 아프가니스탄을 손에 넣으려 했다. 아프가니스탄은 때로는 소련에 의존하고 때로는 중립 정책을 취하면서 나라의 독립을 지켜왔다.

1978년 4월 쿠데타로 집권한 친소 정권 타라키 정부는 반대 세력의 강력한 저항에 부딪혔다. 타라키 이후 집권한 아민이 소련의 내정 간섭을 비난하자 소련이 무력행사에 나섰다. 특히 1979년 3월 '하지-헤라트 사건'* 때 아프가니스탄 정부가 소련 군사 고문단과 민간인 간호사, 군인 가족 등 300~500명에 달하는 소련인을 살해하고 시체를 막대기에 꽂아 거리에 전시했던 일이 소련-아프간전쟁(1979~1989)의 도화선이 되었다.

* 하지-헤라트 사건
아프가니스탄 정부의 명령을 받고 반정부 시위 진압에 투입된 아프가니스탄 정부군이 오히려 반정부군 세력에 가세해버린 사건을 말한다.

소련은 이 전쟁에서 많은 인명과 전비를 소모한 뒤 물러났는데, 이는 훗날 소련이 해체되는 데 큰 영향을 미쳤다. 약 10년 동안 치러진 이 전쟁에 연인원 62만 명이 파병되었다. 그중 1만 4,453명이 부상·사고·질병으로 사망했는데, 총인원의 2.33%를 차지한다. 그 외에 5만 3,753명(8.67%)은 열악한 도로에서 교통사고로 부상당했다.

1980년부터 1988년까지 소련군은 부상자의 68%를 항공편으로 후송했다. 98%의 부상자는 30분 이내에 일차 구급 처치를 받았고, 90%는 6시간 이내에 의사가 진료했으며, 88%는 12시간 이내에 수술을 받았다. 사망자의 10%는 병원 전 처치(pre-hospital care)에서 잘못이 있는 경우였고, 잘못의 10.6%는 일차 구급 처치의 오류로 판명되었다. 이후 의료진을 전투 지역에 가까이 이동시켜 부상자의 31%가 한 시간 이내에, 38.7%가 두 시간 이내에, 92.4%가 여섯 시간 이내에 수술을 받을 수 있었다.

이러한 노력으로 소련-아프간전쟁에서 부상자 중 사망률은 1 대

3.6(부상자 3.6명 중 1명 사망)을 기록해, 베트남전쟁의 미군 사망률 1대 5를 약간 밑도는 정도로 의료 시스템이 개선되었다.

✚ 감염병 예방에는 실패한 소련군

하지만 소련군의 의료는 감염병 예방에서 끔찍하게 실패했다. 연인원 62만 명의 75.76%에 해당하는 46만 9,865명이 입원했는데, 이 중 11.4%가 부상자였고, 88.56%(41만 5,932명)가 질병 환자였다. 간염 환자가 11만 5,308명, 장티푸스 환자가 3만 1,080명이었다. 나머지 23만 3,554명은 페스트, 학질, 콜레라, 디프테리아, 뇌막염, 심장병, 세균성 이질, 아메바성 이질, 류머티스, 열사병, 폐렴, 발진티푸스, 파라티푸스 등의 환자였다. 이 숫자는 최신식 군대와 현대적인 의약품이 있는 곳에서 있을 수 없는 기록이었다.

가장 기승을 부린 감염병은 간염이었는데, 감염된 병사의 절반이 입원했다. 이 병은 대변-입 경로를 통해 급속히 퍼졌다. 잠복기는 37일이며, 6~8주 후에 회복되거나 재발했다. 74%가 소련군 기지 안에서 발생했다.

당시 소련군 야전 위생은 너무 불량했다. 쓰레기를 제때 치우지 않고 부대 내에 쌓아놓는 경우가 많았다. 몇몇 부대에서는 수세식 변소를 설치했지만, 병사들은 부대의 주거 공간이나 식사 공간 근처에서 볼일을 보는 경우가 흔했다. 병사들은 손을 자주 씻지 않았다. 부대 안에서는 일주일에 한두 번 목욕이나 샤워를 하게 되어 있었지만, 야전에서는 거의 씻지 못했다.

무엇보다 취사병이 감염원이었다. 소련의 역학 조사 결과 취사병들에게서 이질균, 발진티푸스균, 대장균, 장티푸스균이 발견되었다. 몇몇 취사병이 전체 부대를 감염시켰던 것이다.

소련군의 수송 체계로는 깨끗한 식수를 공급할 수 없었으므로, 병사들은 자주 지역의 샘이나 우물의 물을 마셨다. 이 물이 장티푸스나 아메바성 이질을 병사들에게 옮겼다. 규정에는 속옷을 세 벌씩

● 소련–아프간 전쟁 때 소련군
소련–아프간 전쟁 당시 소련군의 야전 위생은 매우 불량했다. 그 결과 소련군 부대는 감염병과의 전쟁을 피할 수 없었다..

공급받아 일주일에 한 번 갈아입게 되어 있었지만, 실제로는 한 벌만 공급받아 몇 달이 지나도록 갈아입지 못했다. 침구를 빨지 못하니 속옷에는 이가 들끓었고 발진티푸스가 창궐해 전투력이 현격히 저하되었다. 군대 내에 예방의학팀, 매개물조절팀, 수질정화팀이 구성되어 활동했지만, 감염병을 막기에는 역부족이었다.

정리하면 소련군 부대에는 깨끗한 식수가 공급되지 못했고, 야전에서 기본적인 위생 규칙이 지켜지지 않았으며, 취사병은 배변 후에 손을 씻지 않았고, 쥐와 이가 창궐했다. 영양소가 불충분한 식사가 공급되었고, 속옷과 군복을 정기적으로 갈아입지 못했다. 이들이 바로 전염병의 원인이었다. 이에 따른 전투력 상실은 결국 철군과 소련의 해체로까지 이어졌다.

4 이라크전쟁과 진화하는 병균

얌전하던 세균이 돌변하다

감염병이란 세균, 스피로헤타, 리케차, 바이러스, 진균, 기생충과 같은 병원체에 감염되어 생기는 병을 말한다. 특히 여러 사람에게 전파되는 감염병은 전염병(傳染病)이라고 부른다. 우리나라에서 2016년 12월에 최종 개정된 '감염병의 예방 및 관리에 관한 법률(제13474호)'에 따르면, 감염병은 제1군부터 제5군까지 분류되어 있다.

분류	특징	종류
제1군 감염병	전염 속도가 빠르고 국민 건강에 미치는 위해 정도가 너무 커서 발생 또는 유행 즉시 방역 대책을 수립해야 하는 감염병	콜레라, 장티푸스, 파라티푸스, 세균성 이질, 장출혈성 대장균 감염증, A형간염 등
제2군 감염병	예방접종을 통해 예방 또는 관리가 가능해 국가예방접종사업의 대상이 되는 감염병	디프테리아, 백일해, 파상풍, 홍역, 유행성이하선염, 풍진, 폴리오(소아마비), B형간염, 일본뇌염, 수두, 폐렴구균 등
제3군 감염병	간헐적으로 유행할 가능성이 있어 지속해서 그 발생을 감시하고 방역 대책 수립이 필요한 감염병	말라리아, 결핵, 한센병, 성병, 성홍열, 수막구균성수막, 레지오넬라증, 비브리오패혈증, 발진티푸스, 발진열, 쯔쯔가무시증, 렙토스피라증, 브루셀라증, 탄저, 공수병, 신증후군출혈열, 인플루엔자, 후천성면역결핍증(AIDS), 매독 등
제4군 감염병	국내에서 새로 발생했거나 국내 유입이 우려되는 해외 유행 감염병	페스트, 황열, 뎅기열, 바이러스성출혈열, 두창(천연두), 중증급성호흡기증후군(SARS), 신종인플루엔자, 야토병, 진드기매개뇌염, 중동호흡기증후군(MERS) 등
제5군 감염병	기생충에 감염되어 발생하며, 정기적인 감시가 필요해 보건복지부령으로 정하는 감염병	회충증, 편충증, 요충증, 간흡충증, 폐흡충증, 장흡충증 등

● 우리나라의 감염병 분류

항생제가 발견되었을 때 사람들은 이제 감염병으로부터 해방되었다고 믿었다. 천연두 같은 병은 예방주사와 항생제의 발달로 지구상에서 사라졌다. 하지만 항생제의 발달에 따라 세균도 진화를 거듭해 항생제로 죽일 수 없는 내성균들이 출현했다. 이들은 변형되어 전보다 더 교묘하게 질병을 일으킨다. 예언컨대, 앞으로도 병균이 없어지는 날은 오지 않을 것이며, 인간은 감염병에서 자유롭지 못할 것이다.

2010년 9월, 일본 동경의 한 대학병원의 입원 환자 중 46명이 아시네토박터라는 세균에 집단적으로 감염돼 27명이 사망하는 사건이 발생했다. 그 뒤로 이 세균은 세상 사람들에게 주목받기 시작했다.

아시네토박터는 원래 세계 어느 곳에나 있는, 물에 사는 평범한 세균이었다. 환경에 대한 적응력도 높아 물기 없는 의료 기구와 같은 무기질 표면에서도 며칠 동안 살 수 있다. 그러나 병원성(병을 일으키는 성질)이 약해 건강한 사람에게는 병을 일으키지 못한다. 병원 직원 대부분이 보균자다.

그런데 최근에 '얌전하던' 아시네토박터가 변하기 시작했다.

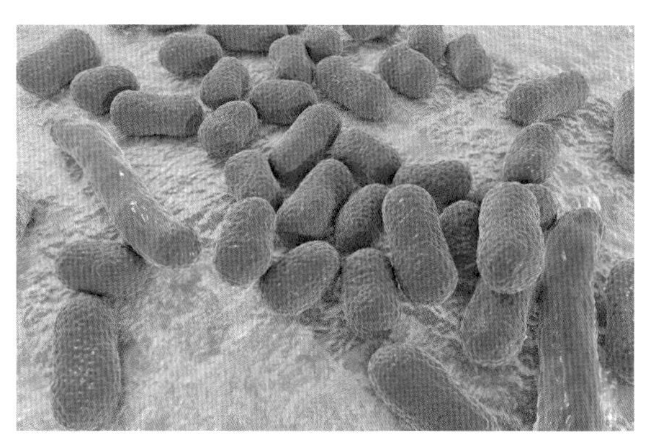

● 아시네토박터바우마니균
전자 현미경으로 관찰한 아시네토박터바우마니균의 모습이다. 여러 항생제에 내성을 가지기 시작하면서 심각한 감염병을 유발시키고 있다.

다제내성 아시네토박터바우마니균(MRAB; Multidrug-Resistant Acinetobacter Baumannii)이 출현한 것이다. 면역 저하자, 만성 폐질환자, 당뇨 환자가 특히 이 균의 감염에 취약하다. 창상감염, 혈류감염 및 호흡기감염을 일으킬 수 있으며, 카바페넴계, 아미노글리코사이드계, 플로로퀴놀론계 항생제에 모두 내성을 나타낸다.

✣ 이라크전쟁과 아프간전쟁 때 다제내성 세균이 증가하다

이 아시네토박터바우마니균은 이라크전쟁과 아프간전쟁 때 많이 증가했다. 이라크에서 부상당한 병사들을 후송하는 미군의 병원선과 증상이 심각한 병사들을 일시 수용하는 독일 내 미군 기지의 육군의료센터에서 의문의 감염 환자가 대량으로 발생한 것이다. 국제 전염병 기구 소식지인 『Pro-MED』에 따르면, 2003년 4월 이후 이라크로부터 귀환하는 미군을 태운 병원선에서 아시네토박터바우마니균에 감염된 환자가 급증해 예방 백신이 부족했다고 한다. 이러한 감염은 1991년 걸프전쟁 때는 나타나지 않았다. 환자의 97%는 이라크전쟁의 최전선에 배치된 병사들이었다. 워싱턴의 월터 리드 육군병원에서 귀환병 442명의 검체를 배양·검사한 결과 37명(8.4%)이 양성으로 밝혀졌고, 그중 3명은 병원 내에서 감염된 것으로 확인되었다.

이라크전쟁과 아프간전쟁에서 총상이나 폭발에 의해 부상당한 환

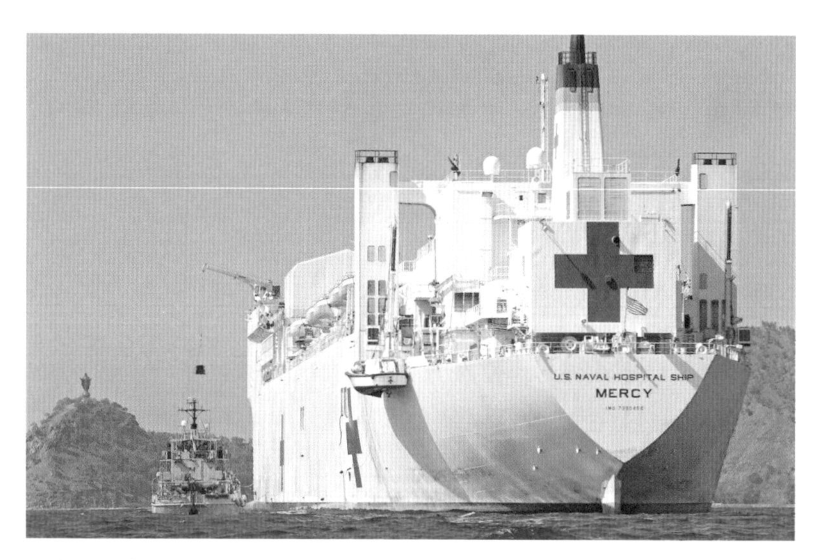

● 미 해군 병원선
이라크에서 미군을 고국으로 귀환시킨 미 해군 병원선(USNS MERCY)에서 아시네토박터바우마니균에 감염된 환자가 급증했다고 한다.

자들이 후송되는 과정에서 평소 흙이나 물에 존재하는 이 균에 노출되었다. 부상자들은 우선 1차 시설에 옮겨지고, 부상의 정도에 따라 외과팀이 있는 2차 시설로 옮겨졌다. 실행 계획에 따라 전투 지역의 마지막 시설인 3차 시설로 이송되기도 했다. 이곳에서 사흘 안에 환자들이 안정되면 항공기로 4차 시설인 지역 시설로 옮겨졌다. 아프간전쟁에서는 4차 시설인 독일의 랜즈툴 지역의료센터로 후송되었다. 마지막으로 이들은 치료와 재활을 위해 고국으로 보내졌다.

이렇게 각각 다른 환경으로 반복적인 후송 과정을 거치면서 아시네토박터바우마니균이 증가한 것으로 보인다. 부상자들에게 항생제를 사용했고, 항생제에 내성을 가지는 돌연변이종, 즉 다제내성 아시네토박터바우마니균이 출현해 증가한 것이다. 이 균은 부상병의 치료와 재활 과정에서 합병증을 가져와 죽음에 이르게 하는 가장 중요한 균이 되었다.

최근 통계를 보면, 세 가지 계열 이상의 항생제에 내성을 갖는 다제내성 아시네토박터바우마니균은 전 세계적으로 증가하는 추세다. 2014년 EARSS(유럽 항생제 내성균 감시체계)의 보고에 따르면, 유럽에서는 다제내성균의 내성률이 덴마크가 0%로 가장 낮고, 그리스가 86.9%로 가장 높다. 우리나라에서는 2010년 아시네토박터바우마니균의 이미페넴에 대한 내성률은 71.7%였고, 아미카신은 53.1%, 시프로플록사신은 73.2%, 세프타지딤은 77.6%로 내성률이 해마다 증가하는 추세다.

우리나라에서도 아시네토박터바우마니균 감염증이 법정전염병으로 등록되었다. 이 균은 일반 병원에서도 없애기 힘들지만, 전장의 야전병원에서는 더욱 문제가 심각하다. 야전에서 다친 병사가 후송되는 경우 군 응급구조사, 군의관, 간호장교, 의무병 등 의료진은 환자나 물품 및 주변 환경과 접촉하기 전과 후에 손 위생을 철저하게 해야 한다. 오염 우려가 있는 경우 장갑과 가운을 착용하고 부상자에게 사용하는 의료 기구나 물품을 깨끗이 소독해야 한다.

여기서 문득 카뮈의 『페스트』 마지막 구절이 생각난다.

페스트균은 절대 죽지도 않고, 사라져버리지도 않으며, 가구나 이불이나 오래된 행주 속에서 수십 년 동안 잠든 채 지내거나 어딘가에서 인내심을 가지고 때를 기다리다가, 인간에게 불행도 주고 교훈도 주려고 저 쥐들을 잠에서 깨워 어느 행복한 도시 안에서 죽게 하는 날이 언젠가 다시 오리라는 사실을 알고 있었다.

참고문헌

의학 및 전쟁 관련 도서

송창호, 『인물로 보는 해부학의 역사』, 정석출판, 2015.

Burch, Druin, *Digging Up the Dead*, London: Vintage books, 2008.

Hastings, Max, *The Korean War*, London: Pan Macmillan, 2010.

Persaud, T. V. N., *A History of Anatomy: The Post-Vesalian Era*, IL: Charles C Thomas Publisher, 1997.

Richard A. Gabliel, Karen S. Metz, *A History of Military Medicine*, CT: Greenwood Press, 1992.

Santoni-Rugiu, Paolo·Sykes, Philip J., *A History of Plastic Surgery*, Berlin: Springer, 2007.

Trust, Wellcome(eds.), *War and Medicine*, London: Black Dog Publishing, 2008.

기타 도서

나관중, 이문열 편역, 『삼국지』, 민음사, 2002.

세르반테스, 미구엘 드, 안영옥 옮김, 『돈키호테』, 열린책들, 2014.

알리기에리, 단테, 박상진 옮김, 『신곡』, 민음사, 2013.

진수, 김원중 옮김, 『정사 삼국지 촉서』, 휴머니스트, 2018.

카뮈, 알베르, 김화영 옮김, 『페스트』, 민음사, 2011.

카슨, 레이첼, 김은령 옮김, 『침묵의 봄』, 에코리브르, 2011.

투키디데스, 천병희 옮김, 『펠로폰네소스 전쟁사』, 숲, 2011.

플루타르코스, 천병희 옮김, 『플루타르코스 영웅전』, 숲, 2010.

호메로스, 천병희 옮김, 『일리아스』, 숲, 2015.

인류의 전쟁이 뒤바꾼
의학 세계사

펴낸날 초판 1쇄 2019년 5월 9일
초판 3쇄 2020년 6월 8일

지은이 황건
펴낸이 심만수
펴낸곳 (주)살림출판사
출판등록 1989년 11월 1일 제9-210호

주소 경기도 파주시 광인사길 30
전화 031-955-1350 팩스 031-624-1356
홈페이지 http://www.sallimbooks.com
이메일 book@sallimbooks.com

ISBN 978-89-522-4048-4 43400
살림Friends는 (주)살림출판사의 청소년 브랜드입니다.

※ 값은 뒤표지에 있습니다.
※ 잘못 만들어진 책은 구입하신 서점에서 바꾸어 드립니다.
※ 이 책에 사용된 이미지 중 일부는, 여러 방법을 시도했지만 저작권자를 찾지 못했습니다. 추후 저작권자를 찾을 경우 합당한 저작권료를 지불하겠습니다.

이 도서의 국립중앙도서관 출판시도서목록(CIP)은 서지정보유통지원시스템 홈페이지(http://seoji.nl.go.kr)와 국가자료공동목록시스템(http://www.nl.go.kr/kolisnet)에서 이용하실 수 있습니다.(CIP제어번호: CIP2019015812)

책임편집 박일귀